新 潮 文 庫

せいめいのはなし

福 岡 伸 一 著

新 潮 社 版

10094

この本ができあがるまで

さまざまな方と「対談」をしてきました。ですが、この本で語り合った四人ほど、この人に会ったから、次はこの人に会いたい――そういった連なりを持つ人たちはいませんでした。

「内田樹」「川上弘美」「朝吹真理子」「養老孟司」。この四人に連なるものは何なのか、すべてを終えるまでは自分自身でもはっきりと見えなかったのですが、今は、わかる気がしています。ひと時として「同じ自分」はおらず、その一瞬一瞬で、「私」は移ろっていきます。そのそれぞれの私の「瞬間」を受け止め反射してくれたのがこの四人なのです。四人によって、「福岡伸一」の瞬間が何枚も映し出され、それは、私でさえ知らない「福岡伸一」を形作ってくれたように思います。たとえば黄色が黄色に見えるのは他の色を吸収し、黄色だけを反射するから黄色に見える。

自分では決して見えなかった「福岡伸一」の動的平衡状態が、この本です。

だれよりも自由で正直な、尊敬すべき四人に感謝をこめて。

目次

せいめいのはなし

I

内田樹（たつる）さんと

グルグル回る

今日はなにを話しましょうか

内田　お会いするのは、3回目ですね。
福岡　もっとお会いしている気がしていました。
内田　毎回話の内容が濃厚ですからね（笑）。今日はなにを話しましょうか。
福岡　内田先生とお話ししたいテーマをまとめた「紙芝居」をデータにして何枚か用意しました。一枚目はもっとも初期に作られた顕微鏡のプロトタイプのひとつ（16頁図1）です。オランダはアムステルダムの南にあるデルフトという町に生まれた、アントニ・レーウェンフックが作ったものです。彼は科学者でも何でもなくて、市役所の職員でした。今も昔も市役所の職員というのは暇になったらなにをするかわかりません（笑）。
内田　この人は顕微鏡でなにを見ていたんですか？
福岡　趣味で、あらゆるものを次々と手当たり次第に見ていったのです。たとえば、その辺の水溜りを見たら、その中に微生物と呼ばれる肉眼では見えない小さな生き物たちがクルクル踊っていたとか、自分の血液を見たら、そこに血球というものが流れているとか。おまけに自分の精液まで見て、精子を初めて発見した人として名前を残しています。

内田　面白い人がいたんですね。

福岡　生まれたのは今から３８０年前の１６３２年10月。日本では江戸時代が始まったばかりの頃でした。同じ年の同じ月、同じデルフトの町で生まれた人で、レーウェンフックよりもずっとずっと有名になってしまった人がいます。画家のヨハネス・フェルメールです。寡作で有名な彼の絵は世界で37点しか残っていませんが、私もファンとして、一生のうちに全部見たいと夢見ています。内田先生には「福岡さんはコレクターだから、そういうのをちまちまと見ている」と怒られてしまいそうですが（笑）、「日本百名山」とか「フェルメール全点制覇」とか聞くと、やりたくなってしまうんですよ。

内田　怒りませんよ（笑）。

福岡　フェルメールの絵は、小さな部屋に光が差し込んでいて、そこで女の人が手紙を読んでいたり、楽器を奏でていたりという、静謐な作品が多い。37点のうちの半分ほどを見ましたが、その中に2点だけ不思議な絵がある。この絵です（16頁の図2と図3）。男性が描かれています。物思いにふけっていたり、地球儀みたいなのに手をかざしたりしている。図2はルーブル美術館、図3はフランクフルトのシュテーデル美術館にあります。

フェルメールが描いたこの絵のモデルがレーウェンフックではないかという説があり、私はそうに違いないと思っています。もちろん、何の資料も証拠もありません。フェルメールとレーウェンフックが生きた1600年代は、科学と芸術にパラダイムシフトが起きた時代です。ガリレオが天体望遠鏡を空に向け宇宙を見て、天動説から地動説へと人間の足下をひっくり返したし、レーウェンフックが顕微鏡でミクロの世界を見たことで人間の視点がひっくり返りました。芸術面でも、ルネッサンスからバロックへ、生々しい表現へとものを見る目が変化しています。そんな時代に、フェルメールは、絶え間なく動いているものを、写真のように一瞬で絵画の中に封じ込めることを実験したのです。

それは、同じ時代に数学者たちがやろうとしていたことでもある。ほとんどの人が忘れていると思いますけれども、高校時代に学んだ微分積分の微分は、私たちを苦しめるために編み出されたのではなく（笑）、この動き回っている世界を何とか一瞬止めて、止めることで次にその動きがどこに向かうかを知ろうとした人間の切実な願いの産物です。微分というのは、関数の細かな変化の近似値をとっていくことですからね。同じようにフェルメールは、自分が捉えた一瞬を絵画という方法で表現しようとしたのではないかと思うのです。

これは別の画家が描いたレーウェンフックの肖像画です（次頁下の図4）。フェルメールが描いた人物とは似ても似つかない。彼は43歳で亡くなったフェルメールと違って90歳以上まで長生きしていまして、これはかなり壮年になってからの姿です。身の回りのものを見てください。コンパスかディバイダーか地球儀、あるいは天球儀というものを――。

内田　ありますね。

福岡　このレーウェンフックが顕微鏡やらコンパスやらを片手に、世界を分けて、分けて、細かく見て、細胞というものを見つけた。その後私たち生物学者はこの流れの上にずっと乗ってきました。全体を部分で見ていき、人体でいえば臓器に、臓器は組織に、組織は細胞に、と分けていったのです。その先を追っていくと、細胞の中には小さな細胞の小器官というものがあり、そこに見えているせんべいのような白い丸いものは細胞の核というものです。その核の中にDNAが折りたたまれていて、このDNAを端から順に読んでいくと、そこに遺伝暗号というものが書かれている。それを人類が最近になってすべて読みつくした。

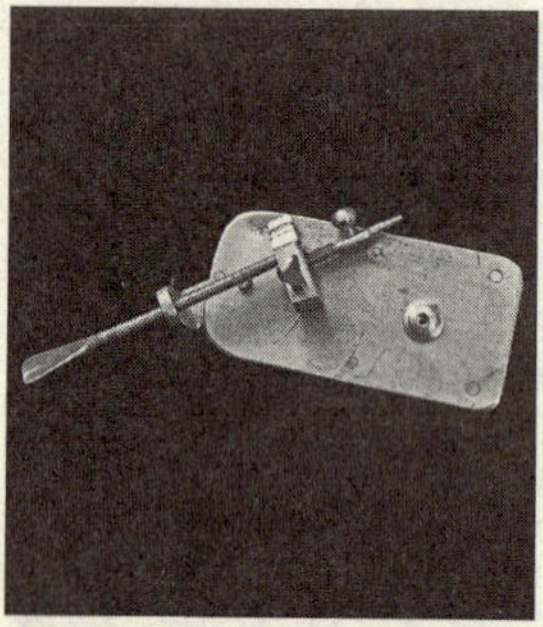

図1　アントニ・レーウェンフックが自ら作り、あらゆるものを見たという顕微鏡の初期のプロトタイプのひとつ。今のものと全く違う。著者所蔵のレプリカ。

図2　フェルメールの『天文学者』(1668年)。パリ、ルーブル美術館蔵。

図3　フェルメールの『地理学者』(1669年)。フランクフルト、シュテーデル美術館蔵。

図4　ヨハネス・フェルコリエの『アントニ・ファン・レーウェンフックの肖像』(1686年)。アムステルダム国立美術館蔵。

これらのミクロのパーツが、ひとつの細胞のなかで使われている部品のすべてです。これらが時計仕掛けのようにカチカチと絡まりあっているものが生命なんです。生物学の世界では、生物はメカニズム、機械だという考え方が、現在、ごくふつうに成り立っています。ガンのメカニズムとか、糖尿病のメカニズムとかいいますが、このメカニズムの「メカ」は機械ですから、生物を機械仕掛けに見立てているわけです。

もともと私は昆虫少年でルリボシカミキリという美しい虫の青色に魅せられて採集に明け暮れていました。大学に入った後、虫捕り網をミクロの実験器具に持ち替えて、細胞の森の中に分け入っていきました。そこには未知の遺伝子がいっぱいいたので、少年の頃に昆虫を追い求めたようにそれを採り始めて、以来今日に至った。ですから、私も生物学者として——専門は分子生物学ですが——全体から部分へと、ミクロの世界に分け入ってきたもののひとりです。

ものを食べるのはなぜか

内田　なるほど。今日のぼくは、『徹子の部屋』の徹子さんなので（笑）、質問して参ります。なにしろ聞きたいことだらけなんです。まず、福岡先生はなにを具体的に調べていらしたんですか？

福岡　「ＧＰ２」という遺伝子を捕まえてそれが何をしているか調べようとしていました。ミクロな外科手術によって細胞の中からＤＮＡを取り出し、ＧＰ２と呼ばれる遺伝子の部分だけをそこから切り取って、残りの部分をつなぎ合わせます。すべてネズミ（マウス）のものですが、この遺伝子操作で「ＧＰ２遺伝子ノックアウトマウス」つまり「ＧＰ２の情報を持たないマウス」ができあがる。

そのマウスがとんでもない病気にかかったり異常行動を起こしたりすれば、それはそのマウスにＧＰ２がないから起こっている、つまり、そのことによってＧＰ２の役割を調べることができるはずです。実際やってみるとお金と時間がかかる実験で、いまの民主党政権だったらたちまち仕分けされるような研究だったのですが（笑）、マウスはまったく正常で、ピンピンしていて、どこにも異常が出なかった。これはいったいどういうことなのか。

そのとき、私はある人物の名前をふと思い出したのです。「生命は機械なんかじゃないよ。生命は流れだよ」と言った人です。この人は別にギリシャ哲学の人でもなく、日本の鴨長明でもなく、ほんの少し前に生きたユダヤ人でした。その人の名は、ルドルフ・シェーンハイマー。

内田　『生物と無生物のあいだ』に出てくる方ですね。

福岡　そうです。この人は20世紀最大の科学者ともいえるし、生物学に決定的なパラダイムシフトをもたらした人でもある。ノーベル賞がいくつあっても足りないぐらい。でも、彼はドイツから亡命した後、ニューヨークのコロンビア大学に所属しましたが、そこにさえ彼の記録はほとんどない。いまやすっかり忘れ去られてしまって、教科書にもほとんど出てきません。この写真（図5）を探すだけでも私は大変に苦労しました。

私たちがいつものを食べるのはどうしてなのか、そこから彼は考えました。食べ物を食べる行為自体は簡単なことですが、それは「生きているとはどういうことなのか」を分子のレベルで問い直すことなのです。既に、機械論的な生命観はシェーンハイマーをも支配していました。私たちの身体は自動車のエンジンのようなもので、食べ物はエネルギー源としてのガソリンのようなもの。だから、ガソリンを私たちの体に注ぎ込めば、それが燃やされて体温にな

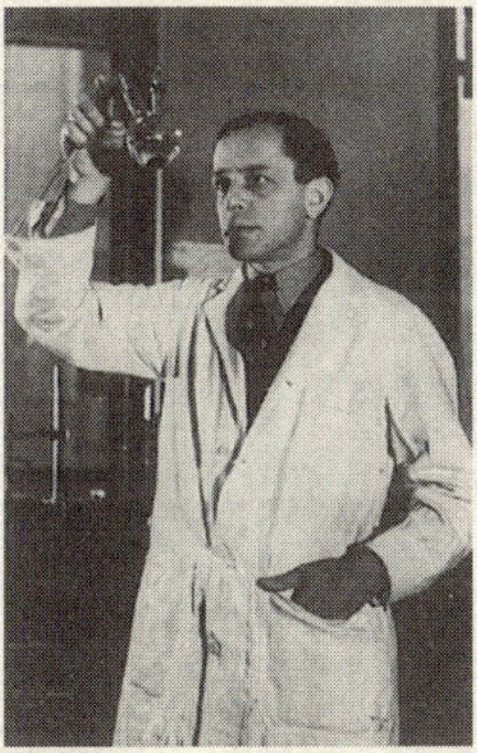

図5
ルドルフ・シェーンハイマー

り、熱エネルギーになり、細胞を動かすという考え方です。

　マウスをミクロのレベルで分けていくと、結局は炭素、水素、窒素などの微粒子の集まりに過ぎない。植物性でも動物性でも食べ物は、分けていくと最終的には粒子の集まりとなる。この粒子の固まりが粒子の固まりを食べると、粒子同士が交じり合ってどこに何がいったかわからなくなる。それを見極めるために、シェーンハイマーは素晴らしいアイディアを思いつきます――「食べるほうの原子だけ、色をつけて区別しておけばいい」。そこで次のような実験をしたのです。

図６　微粒子の集まりであるマウス（右）と原子に色づけした食べ物（左）

　ここ（図６）では紫色（左側のうすい色のもの）をつけましたけれども、「アイソトープで標識する」というのが科学用語です。消えないミクロのマーカーペンで原子に色づけしたと思ってください。色がついていても、においも味も栄養価も変わらないから、マウスはこれを食べられる。これを食べたら、紫の原子が燃やされて紫色の呼気となって体から出てくるのか、あるいは、紫色の尿や糞となって排泄されて、エネルギーが使われた燃えカスとして体から出て行くのか、そういうことが実証できるかを調べたのです。

内田　福岡先生はストーリーテラーですね。早く先を聞きたくなります。

福岡　結果をお知らせしましょう（笑）。本にも書きましたが、実験結果はシェーンハイマーの予想を鮮やかに裏切っていました。確かにネズミは食べ物を食べて、その一部は燃やされた。しかし、食べ物の半分以上の原子は燃やされずに、ネズミの頭の先から尻尾の先まで体全身に散らばって、ありとあらゆるところに溶け込んでしまっていたのです。

シェーンハイマーはこの実験の終始を、非常に厳密に記録していました。実験をする前後のマウスの体重を量って比べたところ、マウスは紫色の粒子が増えているにもかかわらず、前後で1グラムも体重に変化はなかった。

マウスが紫色の食べ物を食べたときに、目に見えない形で非常に重要なことが起きていたのです。すでにマウスを形作っていた原子が代わりに体の外に抜け出ていた。つまり、「生きている」ということは、体の中で合成と分解が絶え間なくグルグル回っているということなんです。その流れこそが「生きている」ということ。その流れを止めないために私たちは食べ物を食べ続けなければいけない。紫色に塗っていてもいなくても、入っていって抜け出ていくという流れしかないわけです。ネズミの形をしているけれども、体そのものは緩く分子が澱（よど）んでいる枠組みに過ぎない。

シェーンハイマーはこの現象を、「dynamic（＝動的な）state（＝状態）」と英語で述べました。「生命とは代謝の持続的変化であり、この変化こそが生命の真の姿である」と、新しい生命観を誕生させました。私はこの概念は非常に大事で、機械論的な生命観に対するある種のアンチテーゼになるのではないかと考えて、日本語で「動的平衡」と名づけました。平衡というのは天秤（てんびん）という意味です。絶え間なく動きながら、バランスを取っている。これこそ、生きているということのもっとも大事な側面ではないかと。

内田　『動的平衡』という本をその後出されていますね。

福岡　はい。動的平衡とは、それを構成する要素が、絶え間なく消長、交換、変化しているにもかかわらず、全体として一定のバランス、つまり、恒常性が保たれている系（システム）です。生きているということも、自然ということも、環境ということも、地球全体も動的平衡にあって、その中でグルグル原子が回っているに過ぎない。生命活動は回っていき、次へとバトンタッチしているからです。

自分の体は自分のものだと思っていても、自分の体は自分のものではない。半年もたてば、自分の体を構成している原子はすっかり食べたものと入れ替わっています。早い遅いはあっても、爪や髪、皮膚が新陳代謝されるように、骨の中味も脳細胞の中味も心臓の細胞の中味もすべて入れ替わっています。

ですから、「久しぶりですね。以前とお変わりないですね」と言っても、あなたは実は「お変わりありまくり」なのです（笑）。

内田　そうですね（笑）。

福岡　絶え間なく入れ替わっているのに動的平衡のバランスがとれている理由は、生物学の最大の謎です。しかしその原理を言うことはできます。

つまり、構成要素がそこに独立して機械の部品のように配置されているのではない。互いに他を律しあいながら、絵柄のないジグソーパズルのピースのようにそこにあり、実はそのピースがそこにあるということは、そのピースが決めているのではなくて、周りを取り囲んでいるピースが決定している。細胞と細胞の関係も、常にそういうふうになっていて、ある細胞が消えれば、その周りの細胞が隣にあった細胞の形を覚えているので、そこに新しい細胞が同じように入っていける。分子も同じで、相補性があるのです。

しかも、ノックアウトマウスのように、もし最初からその遺伝子がなければ、他の遺伝子や他の分子、あるいは他の細胞が、互いにその欠落を補うようになる。つまり、パズルのピースをなくしてしまっても、そこに入る新しいピースを補えるということです。これがすごいスピードで生物の身体の中で行われていることを想像してみてください。それこそ、「動的平衡」のもっているいちばん大事なポイントなのです。内田先生なら「それはまさに構造主義だね」とおっしゃる気がします。

内田 それって、まるでレヴィ＝ストロースの言うところのブリコラージュですね。

福岡 彼も死んじゃいましたねえ。ということで、ここで最初の「紙芝居」を終わります。

経済活動の本質

内田 ありがとうございました。動的平衡の理論については、『生物と無生物のあいだ』『動的平衡』『世界は分けてもわからない』と、ぼくは先生の本が出るたびに熟読玩味(がんみ)して、ひと通り全部読んで、だいたい理解はしているつもりですけど、あらためて伺っているうちに、頭の中でアイディアがぐいぐい湧(わ)いてきました。

福岡　ぜひ聞かせてください。

内田　動的平衡の概念は、ぼくのような人文系の人間には、直接の関係はないはずなんです。動的平衡を使って人文科学系の理論を立てることはちょっとむずかしい。でも、意外なところでヒットする。ぼくはこのところ、ぜんぜん専門分野じゃないんですけど、経済活動のことを考えているんです。どうして、最近経済がダメなのか、その理由を考えていて、もしかするとそれって、「経済とは何か」という本質的な問いの答えを間違えているからじゃないかなと思ったんです。経済って、本質的に動的平衡なんじゃないかな。モデル的にずいぶんと近いような気がするんです。だって、経済活動の本質って、一言で言えば、ものがグルグル回っていくことでしょ。

福岡　グルグル回る、なんて聞くと話がつながりそうな気がします（笑）。

内田　ものをグルグル回すためには、ものがグルグル回るシステムが必要なわけです。手渡す人がいて、受け取る人がいて、パスが繋（つな）がることが必要なわけですよ。みんなグルグル回っている「もの」ばかりに目を奪われていて、どういうふうに回しているのか、どういう工夫を凝らして継続的なパスの連携を確保しているのか、そういうことはあまり顧みていないような気がする。商品や貨幣が回っているのを見て、商品や貨幣それ自体のうちに運動力が内在していて、自力で回転しているんだと思っている。

でも、ぼくは違うと思う。商品や財貨やサービスや情報はそれ自体では運動できない。グルグル回すためのシステムが必要なんです。資本主義者たちの最大の誤謬は、この「グルグル回すためのシステム」が整備されるのは、そこで行き交う商品そのものに価値があるからだと思っていることにあると思うんです。みんなが商品を欲しがる。だから、それを作ったり、流通させたり、買ったりすると思っている。でも、ぼくはそれは違うと思う。商品はあたかも価値があるかのように仮象しているだけなんです。どうして価値があるもののように見えるかというと、そうしないとグルグル回らないから。商品が物神化するのは、そうしないと「グルグル回すシステム」の整備が捗らないからなんです。交換の目的は、交換されるものそれ自体にあるのではなくて、「交換することができるような人間的能力」を涵養することにある、というのがぼくの仮説なんです。別に威張っていうほどの話じゃなくて、たぶん19世紀くらいからあとの人類学者はみんなわかっていたと思うんだけど。

福岡　経済とは貨幣や商品価値ではなく、グルグル回すことである、と。

内田　福岡先生もご存じだと思いますけど、「クラ交易」というのがありますね。フランスの社会人類学者のマルセル・モースが取り上げて、その後にイギリスの文化人類学者のマリノフスキーが南西太平洋のトロブリアンド諸島で観察した交換儀礼なんです。トロブリアンド諸島の人々の間で、貝の装飾品がグルグル回っている。赤い貝殻でできた装飾品はソウラヴァ、白い貝殻でできた装飾品はムワリって言うんです。これを交換する。赤は時計回り、白は反時計回りにグルグル回る。一度受け取ると手元にとどめておいて、何年かして隣の島の人と赤白を交換する。装飾品と言っても、小さくて成人男子は着用できないから、実用性はまるでない。この交換儀礼の意味をマリノフスキーが分析しているんですけれど、装身具それ自体には意味がないんです。人類学的には、「グルグル回す」ために何が必要かということを考えないといけない。

福岡　行き来するわけですもんね。

内田　いちばん必要なのは、交易のパートナーなんです。相手がいないと装身具の交換ができない。それから、島と島のあいだを船で航海しないと交換できないから、クラ交易を維持するためには船を造らないといけない。造船技術や操船技術がなければ交易が成り立たない。当然、海洋や気象や天文に関する知識もなくては済まされない。小さい子どもにとっては船に乗って遠洋に出ることは通過儀礼になる。せっかく苦労して隣島まで行くわけだから、ついでに島の特産品も運搬する。それぞれの身内の噂話をする。とりわけ面白いのは、トロブリアンド諸島は、全部の島が潜在的にはそれぞれ敵対関係ないしは、ライバル関係にあって、つねに微妙な緊張状態にあることです。だから、隣の島に行くというのは心理的には「敵地に乗り込んでいく」というのに近い。そのときに、クラ交易のパートナーは旅客に食事と宿を提供し、身の安全を保障しなければならない。クラ仲間は敵地にいる味方、スパイ用語で言うところの「アセット」なんです。だから、交易パートナーを1人しか持たない人は、隣の島ではその1人以外のすべての住民が潜在的には「敵」になる。パートナーが10人いる人は、10人の味方に保護されている。ぼくは、このクラ交易って、福岡先生の言う「動的平衡」関係に近いんじゃないかと思うんですよ。ここには進歩もないし、変化もない。装飾品の交換そのものはいかなる利益も生み出さない。この円環では新しいことは何も起きない。にもかかわらず、この「グルグル回るシステム」を維持し、機能させるために住民たちはたいへんな人間的努力を投じている。そして、そのための努力を通じて、島の人たちは確実に人間的成熟を遂げることになる。だって、クラ交易のパートナーとの関係を維持するには、たえず有用な情報をその人に対して提供していかないといけないし、もしものときには必ず身を挺(てい)して、パートナーを守るという「侠気(おとこぎ)」だって見せるときには見せないといけない。それに、パートナーを効果的に保護するためには、自分の島の共同体の内部でそれなりの地位や威信を獲得していなければいけない。

福岡　付帯的な現象に意味が出てくるわけですね。

内田　そうなんです。優雅に見える白鳥も水面下では必死で水をかいているように、はたから見るとただ無価値な装飾品がグルグル回っているだけの定常的な運動に過ぎないのだけれど、この交易関係を維持するためには多大な人間的努力が払われている。その努力が結果的にはトロブリアンド諸島の人々の生活を基礎づけている。交易することが、交易者たちの人間的成長を要求し、彼らの共同体を存立させている。

福岡　おっしゃる通りですね。

内田　だから、「価値のあるもの」をやりとりするために人間たちは経済活動を始めたわけじゃないとぼくは思うんです。別によその地方の珍しい物産や特産品が欲しいとか、海の人が山の野菜を食べたいとか、山の人が海産物で動物性タンパク質が必要だとか、そういった生理的な要求から交換が始まったわけではなくて、「交換をする主体」となりうるためには無数の人間的条件がクリアーされなければならない。だからこそ交換が始まった。つまり、経済活動というのは人間を成熟させるための装置だったというのがぼくの理解なんです。そう考えていくと、いわば人間を生きさせるために、あるいは人間の成熟を促すためにこそ、人間は経済活動を自ら作り出したのではないか……とさっきブログに書いてきて、いま福岡先生とお目にかかってるんですけど、このアイディアはいかがでしょう（笑）。

福岡　素晴らしいと思います。地球上の生命が行っていることも基本的には同じです。原子のレベルまで降りていっても同じことが言えるんですね。地球の原子の総量は変わらないわけです。原子の総量は、古代からいままで、多少の増減はあったにしても、一定で変わらない。実際、原子はグルグル回っているわけです。あるときは私の体の一部ですし、あるときは小さなテントウムシの分子だし、あるときはそれが土の中でミミズになる。それが海の藻屑（もくず）になったり、鍾乳洞（しょうにゅうどう）の岩の一部になったりするかもしれないけれども、結局グルグル回っている。

　内田先生がおっしゃるようにそれを回している「系（システム）」こそが生命活動で、回す結び目が多ければ多いほど地球の動的平衡は安定するのです。だからこそ、生物多様性が重要になる。

内田　賛同を得られそうですね（笑）。

変わることで変わらない

福岡　経済と同様に、回していた貝が価値を持ち始めるということが、生命現象の中にも起こっています。それは、私たちが呼吸で吐いて出す二酸化炭素が、いまや取引の材料になっていることでも言えますよね。二酸化炭素自体が価値を持ってしまっているのだから。

二酸化炭素は別に悪者でも何でもなく、私たちが次の生物に手渡すための「貝」なわけです。しかも、グルグル回していく呼吸の産物であって、最後に吸収してくれるのは植物しかない。植物は太陽のエネルギーを利用して水と二酸化炭素で光合成を行ってエネルギーを作り、それを次の生物に渡す形に変えてくれる。だからこそグルグル回っていき、ついにはそれが私たちの体の中を回るようになる。回っていることに生きる意味があると内田先生がおっしゃいましたけれど、それは生物学でもその通りなのです。回すことに意義がある。

20世紀の生物学はずっと細胞の様子を観察してきました。どうやって細胞は遺伝子を作り、タンパク質を合成するのかという、細胞のもの作りをずっと調べていた。ところが、ここ10年の間に生物学が注目しているのは、作り出すことではなくて、壊すことのほうに、細胞がずっとたくさんのエネルギーを費やしているということなんです。

タンパク質をつくり出す方法は非常に精妙で、素晴らしいのですが、たった1通りしかない。なのに、壊す方法は、私たちがいま知っているだけでも10通り以上あり、それ以上あるかもしれない。細胞の中のタンパク質が酸化したり変性したりして、使いものにならなくなったから壊しているのではなくて、できた端からどんどん壊しているのです。新品同様でも何でもかんでも壊していく。

一生懸命に壊すのは、壊さないと新しいものが作れないからです。それから、壊すことによって捨てるものがあるからです。細胞の内部にたまるエントロピーを捨てているのです。宇宙の大原則はエントロピー増大の法則というものに支配されています。エントロピー増大の法則とは、秩序あるものを秩序なきものにしようとする動きで、その動きの方向にしか時間が流れない。エントロピーは、正確には物理学的プロセスとして、物質の拡散が均一なランダム状態を目指すことですが、無秩序あるいは乱雑さの尺度といってもよく、一生懸命に机の上を整理整頓（せいとん）していても、2、3日でグチャグチャになってしまう場合にも使えます。入れたてのコーヒーもぬるくなるし、熱々の恋愛も冷めてしまう（笑）。

じゃあ、それに抵抗するにはどうすればいいか。頑丈に作ればいい——これは工学的な発想です。頑丈に作ってもやはりダメなものはダメになってしまう。そこで発想が逆転するわけです。生命現象は、細胞を頑丈につくるのをやめて、ユルユル、ヤワヤワに作ってグルグル回す方向を選んでいきます。それが唯一の変わらない方法だった。「変わることが変わらない方法だ」として採用したのです。

内田　変わることが変わらない方法だ、ってその通りですね。

福岡　先回りして自ら壊して、どんどんバトンタッチしているわけです。同時に内部に溜まったエントロピーを捨てて、新たに作り直している。だから、私たちは、エントロピー増大が追ってくる1歩先を、常に一生懸命に走っているのです。エントロピーの増大に追いつかれないように自転車を漕いでいる。漕いでいるんですが、漕ぐ速度はだんだん遅くなっていき、ところどころでエントロピー増大の法則に抜かれてしまう。その遅れが細胞のなかに蓄積していって、エントロピー増大の法則が自転車を漕ぐ後姿を捕まえたときが、個体の死です。

内田　なるほど。

福岡　でも、私を通り抜けた分子は、そのとき既にこの地球上のどこか他の秩序にバトンタッチされている。それが38億年間ずっと続いているのが生命現象です。素晴らしいことじゃないでしょうか。

パスをいかに回すか

内田　分子レベルで起きている生命現象と同じことを、人間はそれ以外の社会活動でも反復しているんじゃないでしょうか。細胞がタンパク質を作る方法は1通りなのに、壊す方法は10通りか、もっとあるかもしれないとおっしゃいましたね。それはボールゲームで、パスが来るのは1通りだけれども、自分が次にパスを送る方向は何通りもあることと同じだと思う。フレキシブルで、生命力にあふれたシステムのための条件のひとつは「個体の多様性」ということですけれど、もうひとつは受け渡されたものをいかにファンタスティックな「パス」として次へ回すか、その想像力の豊かさじゃないかと思うんです。

　また経済の話に戻しますけど、グルグル回っている「もの」である商品や貨幣が物神化すると、人はそれを退蔵してしまう。回すというふるまいそれ自体から、回されている「もの」に居ついてしまう。価値のないものに価値があると思い込んでしまうことが物神化という病態だとぼくは思うんです。貨幣や商品それ自体に価値があるのだとみんな信じ込むと、それを貯め込んで、運動を停止しようとする。

福岡　まさにいま起こっている現象ですね。

内田　流通している富そのものはどんどん増えているのです。富を自然から収奪する方法は19世紀から比べれば格段に進歩したし、多様化しましたから。人類が享受できている富の全体は増えているのに、人々が貧しくなっているのは、富が一部分に集中しているからですよね。人口の1%が富の40%を独占している。貯めこんで回さない。仲間内でグルグル回すだけで。彼らのパスは自家用ジェットとか、ニースの別荘とか、外洋クルーザーとか、ほんとうに定型的なかたちでしか出されない。ぜんぜんファンタスティックじゃないでしょ。富全体は増えていても、循環しなくなってくると、経済システムの生命はだんだん衰弱してゆく。いま、日本も含めて世界の先進国の経済システムが死にかかっているのは、運動がなくなっているからだとぼくは思います。回っている「もの」のほうに価値があると思い込んで、回すことそれ自体が経済活動の目的なんだという根本を忘れてしまったからだと思う。

だから、ぼくが提案しているのは贈与経済の復権なんです。「交換から贈与へ」ということなんです。要するに、受け取ったものはどんどん次にパスしましょうよ、と。

実際に、今朝もどこかの新聞の社説に出ていましたよ。どんどんお金をあげましょう、配りましょうというご提案をエコノミストたちがしているわけです。いろいろと経済学的な理由をつけるのですけれども、彼らだって直感的にはわかっている。循環する運動を起こさないと始まらないということは。とにかく貨幣や商品が回っている分には何とかなるんです。止まってしまったらどうにもならない。でも、貨幣や商品に対する欲望が経済活動の根本にあると思うと、経済活動は止まってしまう。

90年代以降、商品は個別的な有用性や実用性（使用価値）を離れて、象徴価値（商品の所有者の帰属階層やアイデンティティを示す能力）にシフトします。消費行動が誇示的なものに変わった。こんな服を着て、こんな家に住んで、こんな車に乗って、こんなものを食べて……ということを誇示することで自分自身のアイデンティティを基礎づけた。

物欲には身体という限界があります。1日に食べられる量は消化能力を超えられないし、着られる服の数だって限られている。でも、自己同一性を基礎づけるための消費には「これで終わり」ということはありません。だって、誇示的消費が成り立つためには、「こういう商品を持っている人はこういう社会階層で、こういう趣味で、こういう年収で……」という個々の商品についてその象徴的意味をあきらかにする「レフェランス」が必要なんですけれど、それは「同じ商品を持っている人がほかにもたくさんいる」のでないと成立しない。商品を通じて、自分自身のアイデンティティを基礎づけようとすると、「自分みたいな人がほかにもたくさんいる」という前提を受け入れなければならず、それは「おのれの唯一無二性」というアイデンティティの定義そのものに背馳する。だから、誇示的消費はエンドレスのものにならざるを得ない。そうやって資本主義は無限に拡がり続ける理想のマーケットを手に入れたわけです。

　でも、これは予想外の事態を生みだしてしまいます。「自分らしく生きるためには『自分らしさ』を誇示する商品を買うためのお金が要る」というのが象徴価値市場のルールであるわけですけれども、そうなると「お金がない人」は「自分らしく生きられない」ことになる。アイデンティティが基礎づけられていない、ということになる。お金を持っていない人は「まだ自分になっていない」ということになる。ぼくはこういう考え方はかなり深く若い世代に浸透しているんじゃないかと思うんです。

　そういう人たちはネットにはまってゆくんですけど、ネットって、匿名の言論空間でしょ。どうして、匿名でいて平気なのか、どうして個体識別できないような言論活動を行っていて気持ち悪くないのか、ぼくは長いこと理解できなかったんですけど、最近わかった。匿名なんじゃなくて、あの人たちは「まだ自分になっていない」んです。名前を名乗らないんじゃなくて、名乗るべき名前がまだないんです。お金がないから。お金がないので「自分らしさ」を表示する商品を買えないから。彼らは「私にはまだアイデンティティがありません（お金がないから）」という社会的な不遇をでも、これはやはり、根本の発想が間違ってると思う。どんな商品を所有していようと、そんなことは本来アイデンティティとは何の関係もない。クラ交易と一緒で、どれだけ多くの人と固有名においてつながっているか、どれだけ多くの人を支援したり保護したりする責任を負っているか、どれだけ多くの自分を支援し、保護してくれるパートナーを持っているか、その人たちとの関係をどうやって円滑に維持できるか、そういう市民的成熟が問題なんです。貝殻なんか、いくら持っていても、それ自体には何の意味もないんです。問題はそれをどうやってパスするかということであって、パスの仕方においてのみその人のアイデンティティは示される。

サッカーやラグビーのようなボールゲームには太古的な起源があると思うんです。よくできている。人間が営むべき基本的社会活動の原初的な構造を持っています。与えられたものは次に渡さなければならず、渡すときにできるだけ多様な形の、自由で、ファンタスティックで、予想を裏切るようなパスをしなくてはいけない。ボールをもらったらワンタッチで次にパスしなければいけない。だから、パスをもらってから、そこで「次、どうしようかな」と考えてたら間に合わないのです。ふだんからずっと考えていなくちゃいけない。いつもいつも「いまパスをもらったら、次にどうパスし

「名無し」という名乗りによって誇示しているんだと思います。

ようか」を考えている。贈り物の受け手がどこにいて、どんなふうに自分を待っているか、自分がもらったら遅滞なく次に渡す相手にあざやかなパスを送ることだけを日々考えているような人こそが、贈与経済の担(にな)い手になりうる人だと思うのです。与える先は、ボールゲームと同じで、「その人の前にスペースが空いている人」です。次にパスする選択肢がいちばん多い人。ボールゲームでは必ずそういう人に向けてパスが送られる。もらったボールを退蔵する人や、いつも同じコースにしかパスを出さない人のところにはパスは回ってこないんです。

そういう点で、ボールゲームの意義は、人間の経済活動の、というよりも社会を構成していくときの根本原理が書き込まれているんじゃないかとぼくは思っているんです。

グルグル回る

内田　これまでに、生物学の動的平衡の理論が経済活動の本質にも応用できるのではないかというアイディアをお示ししました。退蔵してはいけない、グルグル回していかなければ経済活動もまた死んでしまう、と。

福岡　話がつながっていきそうですよね。

内田　分子生物学のレベルでもきっと同じだと思うのですが、「生きている」ということは、受け入れたものを多様な形で次に送るときに、いちばん必要としている受け取り手を過たずに見つけて、そこにピンポイントで「パス」を送り込んでいくことではないかと思うんです。過たずレシーヴァーを選びそこにパスを送る能力こそ、ぼくたちがコミュニケーション活動をするために不可欠の能力ですし、その能力は生きる力そのものとイコールだと思うのです。思弁的すぎますか？（笑）

福岡　貯めることが流れを阻害していて、それが21世紀の経済の問題だというご指摘は、現在環境問題が陥っている、ある種の隘路とまったく同型です。地球が温暖化するかどうかは、実は誰にもわからないことです。でも、地球温暖化の原因とされる二酸化炭素が大気中に溜まっているという話は確実なのです。

内田　二酸化炭素が溜まる理由はというと？

福岡　流れが滞っているからです。二酸化炭素は、本来は生物から生物にパスされるべきもので、そのパスを最終的に受け止められるのは、地球上では植物だけなのです。二酸化炭素は、私たちが呼吸すれば出る。あるいは、化石燃料が燃やされれば出るわけです。それを吸収できるのは植物だけですが、その植物までたどり着く全体の流れが滞っている。

そもそも、大気中に二酸化炭素が何%含まれているかをご存知ですか。

内田　どれくらいですか？

福岡　体積比で大まかにいうと、大気中にいちばんたくさん含まれている元素は窒素で、これが80%弱、その次に多い酸素が20%強です。足してほぼ100%で、ほかはほとんどもう余地がない（笑）。

3番目に多い元素はアルゴンといって0・93%ほどで、二酸化炭素は4番目、たった0・035%しか含まれていない。でも、産業革命前の数千年間はこれが0・028%だった。それがじわじわと上がってきたのは、確かに産業革命以降、人間がものを燃やすようになってからです。燃やし過ぎて、それが次の生物にパスされずに滞っている状態が現在の環境問題で、これがこのまま滞ったら、何かとんでもないことが起こるのは確かです。ただ、それが温暖化かどうかは今のところわかりません。寒冷化なのかもっと他のことなのか、なんともいえない。

自分探し

福岡　内田先生のボールゲームの話で考えついたのですが、パスを受け取って、そのパスを瞬時にどこに的確に届けられるかが、その人の、あるいは運動の自己同一性を決定する最も大事な要素ですよね。つまり、パスの関係性が主体を規定するというのは、まさに生物学でも同じで、細胞の様子を見ているとわかります。

内田　細胞を見れば？

福岡　私たち多細胞生物は、脳細胞、肉細胞、骨細胞……と、それぞれに専門分化しています。でも、もともとは精子と卵子が合体してできた受精卵から分化するわけです。受精卵が2つに、4つに、8つに、16にとだんだん分かれて増えていく。でも細胞は、どの細胞をとっても自分が将来何になるかをまったく知らないし、まったく規定されていないし、DNAにも何も書かれていない。あるいは、オーケストラの指揮者のようなリーダーが「君はこういうものになりなさい」と命令しているわけでもない。

細胞がどうやって将来を決めているかというと、パスをし合って決めるんです。あるいは、空気を読みあって決める。ジグソーパズルで欠けたピースの形がわかるのは、周囲のピースがわかるときでしょう。それと同じことです。細胞は、増えてきたときに前後左右のそれぞれの周囲の細胞の様子をうかがっています。もし隣の細胞が「ハイ、ぼくは筋肉の細胞になります」と最初に手をあげたら、「じゃあ、私は神経の細胞になりましょう」「君が神経の細胞になるのなら、骨の細胞になりましょう」と、何の細胞になるかをそれぞれに情報をパスし合いながら決めていく。つまり、細胞は、周囲の細胞によって自分が決まる。

私も内田先生も、大学で学生を教えていますが、学生は一生懸命に「自分探し」をしています。でも、自分は、自分自身の中に探してもいません。自分の中に「自分」はいないのです。細胞が何の細胞になるかは、あらかじめ内部的に決められてはいない。その前後左右上下の細胞との関係性によって初めて何になるか決まるわけです。「君ね、自分の中に自分を探してもダメだよ」といつも言っているのですが、自分の中に自分を探しているとどうなるかというと、永遠の旅人になる（笑）。

内田　「自分」というのは「他者」と差別化されることではじめて生まれる概念ですからね。自分の中には、いくら探しても、「自分」なんかありません。

福岡　細胞の中にも、永遠の旅人になった細胞があります。前後左右上下の細胞とコミュニケーションがとれなくなって、空気が読めなくなった細胞で、ＥＳ細胞（胚性幹細胞）と呼ばれます。

内田　再生医療への応用が注目されている細胞ですよね。

福岡　一定の条件下におけばどんな細胞や器官にでもなりうるので再生医療で期待されたものの、目指すものに培養することがそう簡単ではないことがわかってきました。ＥＳ細胞は誰かがうまく誘導してやれば、何にでもなり得るのだけれども、自分では何にもなれずに永遠に増え続けるしかないのです。そういった細胞を、実は私たちは他にも昔から知っています。ガン細胞です。たとえば、肝臓の細胞が、ふと、我を忘れて自分を探し出して永遠の旅人になり、どんどん増えるだけしかできなくなる。「君はもともと肝臓の細胞だっただろう。思い出しなさいよ」と言われてその細胞がハッと我に返って肝臓に戻れば、ガンは究極的には治すことができるわけです。

　しかしガン細胞はそういう言葉に耳を貸さないし、いったん自分探しを始めた細胞を元の姿に戻すことは、未だにできません。過去１００年間、多大なお金を使ってガンを研究してきたけれども、うまくいかない。つまり、細胞分化をコントロールすることは基本的にできないので、ガンをコントロールできない程度にしか、ＥＳ細胞を私たちはコントロールできないのです。ＥＳ細胞に、バラ色の未来を描くことについて、私は非常に懐疑的です。

科学者の自画像

内田　前に福岡先生の本の書評で、実は分子生物学者が顕微鏡の向こうに見ているのは科学者自身の自画像なのではないかと書いたことがあるんです。科学者がある種の透明な理性であり、その前に客観的現象が出来（しゅったい）してくるというのではなくて、実は科学者もまた自身をまるごと対象に投影して、自分を通じて自然現象を捉（とら）えているのではないかという気がしたのです。つまり、自分が見たいものを見ているんじゃないかって。実際に先生は空目（そらめ）ということで書いておられますよね。

福岡　はい。空耳（そらみみ）に対して、空目と呼んでいるのですが、ほんとうは全くの偶然なのに、そこになにかしら特別なパターンを見いだしてしまうことをいいます。全く存在しないものが見えるということではないのですが。

内田　第Ⅳ部の養老孟司（たけし）先生とのお話では、そのことについて語られていますね。空目仮説を延長して考えていくと、科学者もやはり見たいものを選択的に見る、というところからまぬがれることはできないみたいですね。

『生物と無生物のあいだ』では画期的な発見をした分子生物学者の人生についてのエ

ピソードが、3つ、4つと詳しく書かれていますけれど、その人の生き方と、その人の発見の間には明らかに構造的な相同性がある。遺伝子を扱う人々のふるまいが遺伝子そのもののふるまいと二重写しになっている、そういう印象を受けたんです。「二重らせん」を発見したワトソンとクリックは「コンビ」で行動すると、スタンドアローンで行動する場合よりもパフォーマンスが高いことを実証してみせました。これはあきらかに彼らが発見した「二重らせん」がなぜペアを持っているかの説明になっている。つまり、「二重らせん」の発見者ペアは顕微鏡写真の中に、それと知らずに「自分たち自身の肖像」を透視していたんじゃないか。

福岡先生の学説史は、「生物学者たちがどのように離合集散し、どのようにペアを組み、どのように分業し、どのように先行する理論の損傷を補塡してより安定性のよい理論を構築するか」を追っているわけですけれど、当の彼らが追っている科学的主題というのが「遺伝子を構成する分子はどのように離合集散し、どのようにペアを組み、どのように分業し、先行する単位の損傷を補塡してより安定性のよい生命構造を構築するか」という謎なわけですよね。もちろん福岡先生はご本の中ではそんな「種明かし」はしてないけれど、福岡先生は「人間は顕微鏡の向こうにおのれ自身の鏡像を見る」と言うつもりなのかなと思って、けっこうぞくぞくしたんです。

それで、いま福岡先生、ＥＳ細胞についてきわめて擬人的な表現を使われていましたけど、分子レベルも社会生活のレベルも実は同一の構造になっているような気がするんですよ。「空気を読めない細胞」を何とかまともな細胞に戻すには、その細胞の宿主たる身体の持ち主である人間が、社会生活の中で正しく「空気を読んで」、周りの人間と適切なコミュニケーションを成り立たせればいいんじゃないか。隣の人とちゃんとコミュニケーションできる人の細胞は隣の細胞とちゃんとコミュニケーションできる、と。

福岡　話がだんだん発展していきますね。

内田　福岡先生は昆虫少年だったとおっしゃいましたが、実はぼくは子どもの頃からまったくいかなるものもコレクションしたことがないんです。なんか集めようかなと思ったことは2、3度あるんですけど、切手収集にしても、アトムシール収集にしても、10日くらいで飽きちゃう。全部、人にあげちゃう。もともと「ものを集めること」が嫌いなんです。ものを退蔵するのが大嫌いで。だから、本を集めるのも嫌い。できるだけ本は読んだら捨てたいと思いつつも、商売柄やむなく置いているだけで。

福岡　そんなに蔵書が少ないんですか？

内田　うちに来た同業者は本棚見て、「内田、あとの本棚はどこ？」って訊くんです。

「これで全部」って言うと、びっくりして。「詐欺師（さぎし）」って言われたことあります（笑）。「これだけしか本読まないで、お前は本を書いているのか！」って。実はその本棚の本でさえ、半分以上は読んでない本なんですけど（笑）。

ぼくぐらいの年齢の学者だったら、ふつうはぼくの10倍から20倍ぐらい蔵書があるんです。読んでる本の数はもっと多い。でも、蔵書量とアウトプットはあまり相関がない。恐ろしく博覧だけど、論文ぜんぜん書かないという人、人文系には多いんです。知識や情報をためるだけためこんで、出力しない、というのが楽しいのかな（笑）。

福岡　収集癖の表れですね。

内田　ぼくは逆で、1の情報入力を5にして出力する（笑）。薄めたり、溶かしたり、別のものを加えたりして、とにかく増量。出すのに忙しくて、本を読んでいる暇がないんです（笑）。なにしろインプットがないから、書いているうちにすぐにネタ切れになってしまう。しかたがないから、子どものころ見たテレビ番組とか、昔見た新聞広告とか、電車の中で立ち聞きした高校生の噂話とか、とにかく脳の中にごちゃごちゃ入っている記憶を総動員して、それを学術的なものであるかのように仕上げてお出ししている（笑）。そういう人って、あんまり学者ではいないです。でもね、とにかく退蔵するのが嫌なんです。記憶の中にあるものは、全部出したい。こういうのって、先生、何なのでしょう（笑）。

福岡　発見がその人自身の投影である——というのとまったく同じで、内田先生とは、内田先生が書いたものそのものである。内田先生の多動ぶりは、いまならＡＤＨＤ（注意欠陥・多動性障害）と診断されるんじゃないでしょうか（笑）。

内田　うう、うまく返されましたね（笑）。ほんと、そうですね。小学生の頃、ほんとうによく叱（しか）られましたから。席に座っていられないんです。

福岡　内田先生自身が、ご著作のなかに如実（にょじつ）に表れています（笑）。

「発見する」ことは、英語ではdiscover、revealといって、カバーを取り除くとか、ベールを取り除くとか書くのですが、何かを取り除いてそこにある何かを見つけているわけではありません。実は、自分がすでに頭の中に描いている絵をそこに投影して、それがあったと言っているのです。それはまさに先生がおっしゃったように、研究者が投影しているものがその人の発見なのです。クラゲから蛍光タンパク質を見つけたノーベル化学賞の下村脩（おさむ）先生は、そもそも内部にかそけき光を宿したクラゲみたいな人だ、という可能性だってある（笑）。

『日本辺境論』と花粉症

福岡　話は変わりますが、内田先生の書かれた『日本辺境論』を読ませていただくと、まさにこれは生物学の話と同じではないか、と思うことがたくさんありました。たとえば、最初のほうにカミュのシシュフォスの話が書いてあります。彼は岩を山の上にあげようとしては岩が落ちていくから、またあげようとする。エントロピー増大の法則に抗って、一生懸命にアンチエイジングをやっている私たちの姿に他ならない（笑）。

後半では非常に大胆で重要な共時性についての記述もあり、インプットとアウトプットの関係は、インプットに基づいてアウトプットするのではダメだとある。ご自分の合気道の体験を基にされていると思いますが、つまりは、ある刺激が入ってきてそれに対して応答が起こるというふうに、時間の軸に沿って、前後関係のある因果関係によってものを考えていてはダメ。そうじゃなくて、一断面における静止現象の中で捉えろということですね。実は生物学でも、動的平衡が表しているものは、そこには何らかの因果関係があるというよりもむしろ、その状態が共時的に存在しているに過ぎません。

ちょっと前に、「複雑系」という概念がもてはやされました。あまりにも因果関係が複雑で見えないけれども、そこには必ず隠された因果関係があって、「どこかで蝶が飛べば、それが台風となって表れる（バタフライエフェクト）」とまで言う。日本風にいえば、入り組んだ「風が吹けば桶屋が儲かる」です。

でも、実は違うと思うのです。世の中は因果関係がありすぎて複雑で見えないのではなくて、もともと因果関係がないことが多い。原因が結果を生むのではなくて、結果と原因はたえず逆転し、相補関係にあって、どちらが先でどちらが後か特定できない。そういう共時的関係があるから動的平衡が維持されている。その端的な例が、この「花粉症と抗ヒスタミン剤」（図7）という話なのです。また「紙芝居」の続きをしましょう。

内田　え、今度は花粉症ですか（笑）。

福岡　花粉症に悩んでいる方は多いと思います。私も悩んでいるひとりです。このいまいましい花粉症はどうして起こるのか。体内の細胞がパスをし合っているところへ、まず、花粉が細胞に取り付きます。次に、細胞から周りの細胞に「ヒスタミン」というものがパスされて、「外敵がやってきたよ」と教えます。そうすると、周りの細胞は表面にアンテナみたいなものを出します。これは「ヒスタミンレセプター」という

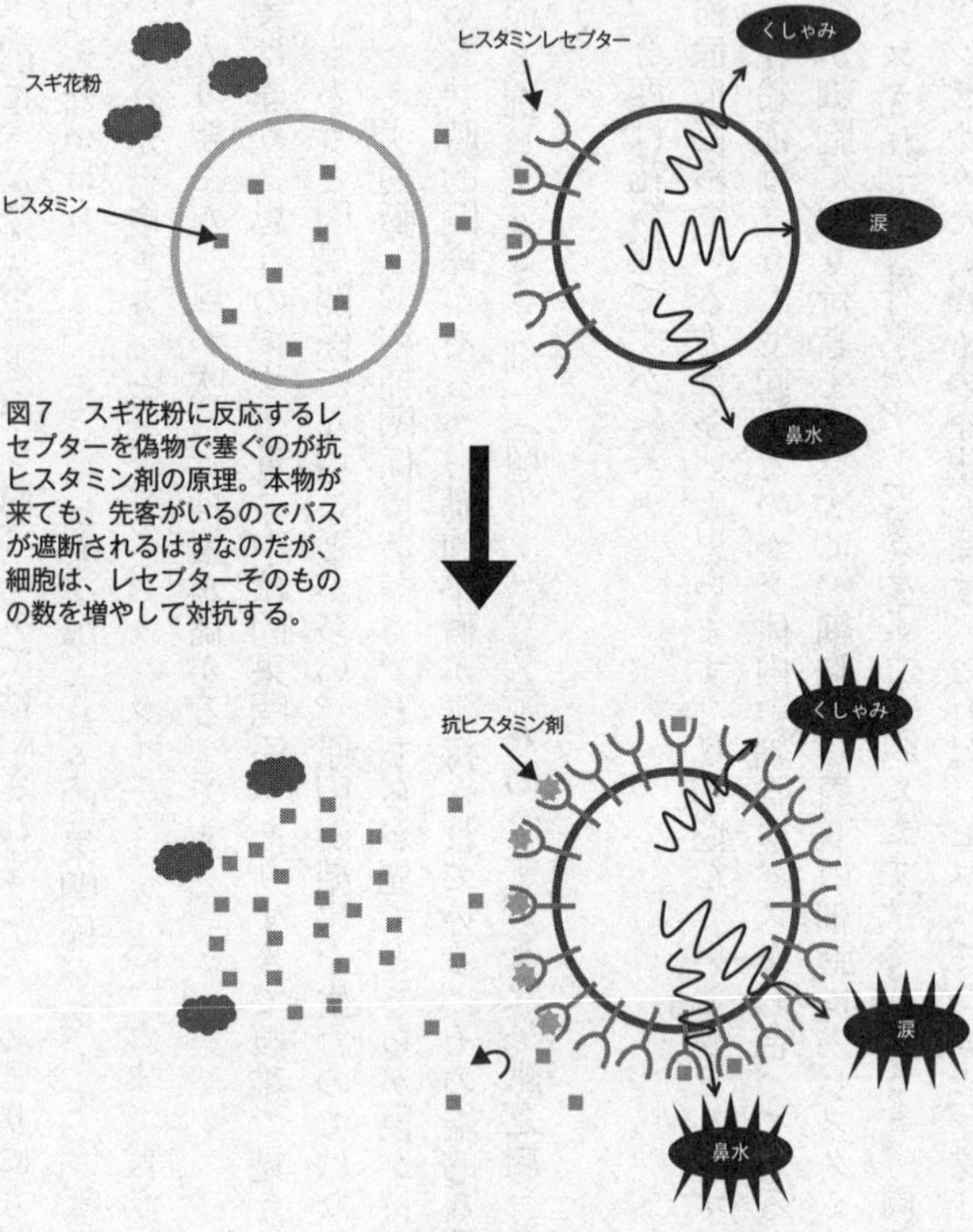

図7　スギ花粉に反応するレセプターを偽物で塞ぐのが抗ヒスタミン剤の原理。本物が来ても、先客がいるのでパスが遮断されるはずなのだが、細胞は、レセプターそのものの数を増やして対抗する。

もので、そこにヒスタミンがはまり込んでいく。それに応答する形で細胞が反応を起こし、鼻水が出たり、くしゃみが出たり、涙が出たりする。これは、できるだけ早く花粉を洗い流そうとする、けなげな免疫系の反応なのです。

この反応が、過激に起こるのが花粉症なのですが、反応自体はそもそも自然なものです。これを止めるために機械論的に考え出されたものが、医者がくれる「抗ヒスタミン剤」です。抗ヒスタミン剤とは、実はヒスタミンのまがいものでして、似て非なるものなので、飲むとヒスタミンレセプターに貼りついて、ここを占拠してしまいます。偽物なのでそこから先の反応は起きず、レセプターだけがブロックされる。さて、スギ花粉が到来し、ヒスタミンが細胞間に放出されても、先客がいるのでこの反応が遮断される。つまりパスが遮断されるので、細胞と細胞の相互関係も遮断され、花粉症が和らぐ。これが抗ヒスタミン剤のメカニズムです。機械論的には、因果関係を遮断すればめでたしめでたしです。

しかし、私たちの体は機械ではなく、動的平衡にあります。欠落があれば、それを埋め合わすべく絶え間なく動いており、ピンポイントで介入があれば、それを排除しようとする。押せば押し返してくるし、沈めようとすれば浮かび上がってくる。ですから、抗ヒスタミン剤によって、この経路を遮断され続けたら、細胞は逆の反応をします。

内田　ということは……もしや。

福岡　まず、受け手の細胞は、ヒスタミンがなかなか届かないのでヒスタミンレセプターをたくさん作ります。ちょっとでもヒスタミンが来たらすぐに感知できるよう敏感になっていく。一方、送り手の細胞は、いくらヒスタミンを送り出してもなかなか届かず、相手からの応答もないので、もっとたくさんヒスタミンを作る方向に動く。こういう状態のところに花粉がやってくると、ヒスタミンを作る細胞は、抗ヒスタミン剤を飲む以前の状態よりもむしろ敏感に反応するがゆえに大量のヒスタミンを出してしまう。抗ヒスタミン剤でブロックされているところにはいかないのですが、さらにたくさんヒスタミンレセプターが作られているために、これらが一斉にヒスタミンに反応して、ますます激しいくしゃみや鼻水、激しい涙を出すという逆説的で、過酷な状況に陥る……。

内田　つらそうですね。

福岡　つまり抗ヒスタミン剤を飲めばその場は症状は和らぐのですが、飲めば飲むほどますます花粉に過敏な体質に導かれてしまうのです。

動的平衡で考えると、因果関係が逆転してしまうのです。抗ヒスタミン剤を飲むことで、花粉症が治るのではなく花粉症になりやすくなるという逆転が起きている。私たちの体や自然や環境は相互作用の上に成り立っているので、攻撃的な発想で「抗ヒスタミン剤を飲んで治す」と一辺倒に考えても、長い目で見ると有効な結果が伴うとは限りません。「ダムをつくって洪水を止めましょう」と、その通りにしたら将来、より大きな災害が起こるかもしれない。つまり動的平衡は長い時間軸でとらえないといけない。この考え方はいろいろと応用が利くかもしれませんね。

もちろん、激しい花粉症のときは抗ヒスタミン剤を私も飲みます。でも、飲み続けたら大変なことになると知りつつ、花粉症とつき合う。つまり〝だましだまし〟でしか花粉症とはつき合えないわけです。でも、それが生命現象の実態なわけでして、そこに因果関係と呼べるものはありません。内田先生の本の最後のほうを読んで、「同じことを言っているな」と感じたのはそこです、「だましだましやる」（笑）。

原因はわかりにくいもの

内田　あたかも因果関係があるかのように見えるけれど、実はそうではないということは経験的にはけっこう多いですね。ジャック・ラカンが「原因とはうまくゆかないものにしかない」ということを言ってますけれど、言い得て妙だと思います。ぼくたちが「原因は何か？」と言い出すのは、たいてい原因がよくわからない話なんです。なんだかよくわからない話に限って、ぼくたちは原因について熱心に議論する。というのは、原因というのは結局確定できないから、仮説を立てる人は言いたい放題なんです。だから、ぼくは、原因について議論するのは時間の無駄のような気がするんです。

話がさらにとり散らかりますけど、どうも原因を尋ねて「時間を遡る」という作業をすることそのものがよろしくないのではないかと思うんです。あることが時間の流れの中で起こり、そこで固定化され、また何かが起きて、それが固定化される。そういう継時的なプロセスの中でものごとをとらえる人は、時間を遡れば「静止状態の過去」と出会えるという、ありえないことを考えていると思うのです。でも、実は過去は絶えず書き換えられている。静止状態の過去なんて存在しない。

たとえば、今ここで、ぼくが突然に怒り出して、「福岡君、ぼくはもう君には我慢できん」と言ったとしますね（笑）。そうなると、あとで、「だいたい会ったときから嫌なやつだと思っていたのだ」というふうに、過去の福岡先生に関するぼくの記憶はすべて改竄されてしまう。今の自分の感情にあわせて、福岡先生がこれまでしてくれ瞬のうちに再構築可能なんです。

た「いいこと」は全部忘れて、「嫌なこと」だけを選択的に記憶する。記憶なんて一瞬のうちに再構築可能なんです。

「原因は何か？」という構文で推理を開始したら、あとはたぶんどんなものでも原因に擬することが可能になるわけだから。原因を問うのは時間の無駄だというのは、問いを立てても答えが出ないからじゃなくて、いくらでも答えが出てきて、どれもほんとうらしいから。そんなことをするより、とりあえずすでに起こってしまったことはしょうがないと放置して、「このあとどうなるのか」を問う方がいいんじゃないかなとぼくは思うんです。

福岡　確かにそうですね。

内田　これから後、動的平衡をどうやれば維持できるのか、どうやれば気分よくパスが進行していくのか。それを考えればいいと思う。もうパスは来ているわけだから、誰から来たのかなんかどうでもよくて、どこに次のパスを送るかに集中した方がいい。カウンセリングの考え方もそうらしいですね。河合隼雄（はやお）先生がどこかで「人の話を聴いているようで聴いていない」と書いていらしたような気がしますけれど、クライエントがやってきて、「自分は実はこれこれこうで……」というのを「ああ、そうですか。それは大変ですな」と、全部右から左に聞き流していくという。聞き流してどうするのかといったら、「そうですね、お部屋の掃除でもされたらいいのではないですか」みたいなことを言う（笑）。

ところが、出来の悪いカウンセラーになると「なぜ、あなたがこうなったのか、その原因を特定せねばならぬ」と言って、外傷的経験を掘り起こそうとする。過去にこういう忌まわしい出来事があって、そのせいであなたはこうなっているのですよと物語を作ってしまう。そう語り聞かされたら、クライエントの方はたぶんそれを信じてしまう。でも、それがその後のクライエントの生き方によい影響をもたらすかどうか、そこを見ないといけないと思うんです。

カウンセリングについていつも思うのは、カウンセラーって、心を病む人が増えることで利益が上がるビジネスモデルになっているということを、ご本人たちはあまりに無自覚だということです。

もしも、無意識というのが、彼ら彼女らが主張するほどに人間の判断や行動に大きな影響を及ぼしているというのがほんとうなら、「人間関係で苦しむ人」が増えることで収入が増え、社会的需要が高まり、メディアでもてはやされるような「仕事」をしている人は「人間関係で苦しむ人がもっと増えたらいいな」という無意識の欲望を感じて当然なんです。そうでなければおかしい。でも、そういう無意識的な欲望によ

って、自分の診断や指導にバイアスがかかっているんじゃないかという自己点検をしてるカウンセラーってほとんどいないんじゃないかな。

ぼくが前に会ったカウンセラーはトークセッションの会場で自分のクリニックのパンフレットを配布したんです。「スタッフの給料も払わないといけないから、ごひいきに」って（笑）。この人は家族心理学が専門なんで、親子の葛藤や夫婦の不仲とか拒食症とか自傷行為とか不登校を扱っているわけですけれど、「みなさん、来てくださいね」と来場者に明るく呼びかけている。家族制度の劣化が進むほど彼女は儲かる仕組みになっている。けれど、その「犯意」というか「病識」がまったくない。

福岡　それはすべてのお医者さんに言えることかもしれません。医学論文を見ると、最初の1行は、「近年、日本の糖尿病患者は800万人を突破し」と、必ず患者の数が増加していることが書いてある。だから、それは重要だといわんばかりなのだけれど、実は嬉しいのです（笑）。

内田　医者は病人を減らすことを使命としながら、病人が増えることを歓迎してもいる。そのような矛盾した存在であるわけですけれど、その危うさを自覚している治療者は決して多くないと思いますね。カウンセリングで過去に外傷の原因をみつけて、すべてをそれに結びつけて解釈するのは、ぼくには患者を増やす方向にむしろ強く作

用するんじゃないかと思います。それより、人間が過去について語ることなんか、あらかた作り話なんですから、「ふんふんそうですか」と聞き流して、それよりもっと開放性のある、未来につながる物語に切り替えて行く方が治療としては生産的じゃないかと思うんですけどね。

ぼくは過去についての作り話というのは、「排毒」のための装置じゃないかと思うんです。自分の外傷的経験を語る過程で、人間はいっぱい毒を出す。自分の抑圧された記憶といっても、だいたい嘘なんですけど、それをげろげろと吐き出すと、毒が出てくる。この「毒を出す」というプロセスそのものが生命体にとっては重要なのであって、毒の中身とか種類なんかどうだっていいんです。生命体があるレベルから次のレベルに「脱皮」するときには必ず毒が出る。

その毒はきちんと受け止めてあげないといけない。受容する人がいないと毒は出ない。でも、なにしろものが毒ですから、大量に受容するとこちらの体にも悪い。だから、毒を受ける人には、受け容れて、そのまま「出す」能力が必要になる。右の耳から入れて左の耳から流す。流れると、出す方も気分がいいから毒を吐き切ることができる。

ぼくはわりとそういう能力があるんですよ。前に名越康文先生が、「内田さん、あ

なたには雷撃を地面に放電するアース能力がある」って（笑）。

福岡　わかりますねえ（笑）。

内田　ぼくがコレクションができないとか、引越しを19回もするとか、他にあまり挙げると差し障り（さわ）があるんですけど（笑）、ものごとに居着かないように動く性格なのは、たぶんにこのアース能力に関係している気がします。

福岡　なるほど（笑）。

内田　宿命的なものかもしれません。社会的人格と自身の生命力みたいなものがリンクしていて、そういうふうに生きないと細胞が活性化しない。呪（のろ）われているんじゃないですかね。先生、どうでしょう、ご診断は。

福岡　まさに「流す人」ですよね。こっちのものをあっちへ、あっちのものをこっちへ。「アース」とは言い得て妙です。

それは動的平衡の重要な側面ですよ。可変的で、頼もしい特徴です。欠落しているものを何とか埋め合わせる、あるいは、介入があればそれを押し返す。もちろん、動的平衡は完璧（かんぺき）ではありません。欠落があれば、何とかそれを埋め合わせるようにするのですが、まったく元通りにはできない。

だから、動的平衡というのは言葉としては矛盾しているところがあり、平衡という

のはある意味におけるバランスなのです。絶え間なく動いているということは、動的平衡状態では、同時に常に非平衡状態にあって、何らかの平衡を求めながら動き続けているに過ぎないということなんですから。

内田　そうですね。

動的平衡の破綻（はたん）

福岡　さきほど、GP2という遺伝子を私が見つけて、それの欠落したマウスを作ったら、まったく正常そのものでピンピンしていてどうしようもないという話をしました。ところが、実はそれは実験の失敗ではなくて、実験の成功でした。それは、動的平衡というものを私に気づかせてくれた偉大な実験で、私はその自然の精妙さの前にただひざまずきました、というのが『生物と無生物のあいだ』という本の結末です。内田先生がブログに書いてくださったのはそこでした。ただし、話には続きがありまして、研究者なので、いつまでもひざまずいているわけにもいかず、動的平衡の破綻がどこかに潜んでいるのではないかと調べ続けてきたわけです。それでごく最近、意外なことがわかりました。

内田　え、破綻？

福岡　ＧＰ２というのはヒスタミンレセプターと同じように、細胞の表面に顔を出しています。消化管の食べ物がやってくるほうに顔を出している。いったいそこで何をやっているのかがわからなかったのですが、食べた物の中に入っているたくさんのばい菌を捕まえて、体の中に持ち込み、免疫系に「こんなばい菌がやってくるから、きちんと準備して免疫反応を活性化させなさい」という、犯人引渡し人のような作業をしているというのが、ＧＰ２の役割だとわかってきたのです。

そんな大事なことをしているのに、どうしてＧＰ２ノックアウトマウスはＧＰ２がなくてもピンピンしていられたのか。実験科学の落とし穴は、そこにありました。私は、ＧＰ２ノックアウトマウスを多大な時間と研究費を使って作り出したので、そのマウスの系統が途絶えたらパーになってしまうことを心配するあまり、初孫に対する祖父母の接し方もかくやというばかりに大切に、そのマウスを維持管理していました。病気にでもなったら大変だと、クリーンな部屋で無菌的な状態にし、無菌の餌（えさ）を与えていた。だから、ＧＰ２ノックアウトマウスはＧＰ２が消化管になくてもぜんぜん平気だったのです。ところが、そのマウスをいったん娑婆（しゃば）に出したら、汚い食べ物がいっぱいあるから、ＧＰ２が手腕を発揮せざるをえない状況に陥るわけです（笑）。

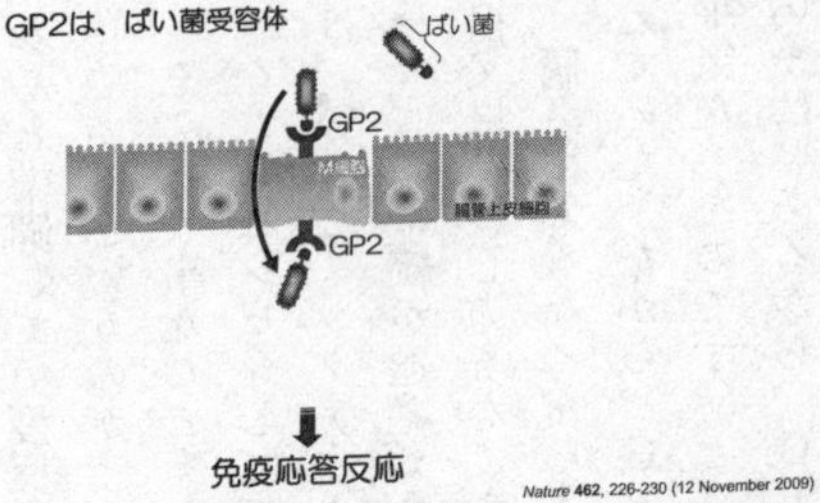

Nature 462, 226-230 (12 November 2009)

図8　2009年11月に「ネイチャー」に掲載された「GP2」研究。食物の中のばい菌を体内に入れて特定し、免疫系に注意を促すのが役割だ。クリーンな環境だったために、逆にその役割がわかるまでに時間を要した。

内田　そうでしたか。

福岡　ばい菌だらけの食べ物を食べて、めでたくそのマウスはGP2がないことの問題点を露呈したので、やっと遺伝子の働きがわかったというわけです（図8）。この研究は11月初旬にイギリスの科学誌“Nature”に載ったのですが、ここまで20年かかりました。

内田　面白い話ですね。

福岡　ですから、「民主党さん、そう簡単に仕分けしないでね」といいたい（笑）。やはり、動的平衡というものを見るときに、ある種のクリーンな状態で見ていたから、動的平衡の破綻が見えなかったわけです。動的平衡は、非常に危うい薄氷の上に乗ってダンスをしながら平衡状態を維持していることがよくわかりました。これは『続・生物と無生物のあいだ』として書きたいと思っています。

内田　無菌室でやったので気がつかなかったというのは、いつの段階でわかったのですか。娑婆にポロッとうっかり出してしまったとか（笑）。

福岡　そのGP2というのが、消化管の中で免疫細胞の詰所のような場所に立って外を見ているということが徐々にわかってきたのです。それで、ひょっとすると外の異変を内側に知らせる門番みたいなことをしているのではないかと調べていったのです。さすがに実験用マウスを散歩に連れ出すようなことはないんです。「トムとジェリー」のジェリーみたいに溝の穴にでも逃げられたらおしまいですから。

内田　もともとの発想は、GP2を取り除いた場合でも、それの代替機能みたいなものを、何かがバイパスしているのではないかというふうに思ったのですか？

福岡　そういうふうになっているところもあると思うし、そもそもGP2がそれだけをやっているとは限りません。膵臓（すいぞう）にもありますが、そこでは違うものが代替的に活動しているかもしれないのですが、消化管の中では門番的役割をしていることがわかったということです。

1つの分子がたった1つの役割しかしていないというのは、長年生物学が陥っていた隘路でもあるのです。実は分子が1つの役割だけをしている、つまり1パーツ1機能というのはある種の幻想で、新しいチームの中に入ると、新しいパスをするようになる。さまざまな状況で文脈次第で別のことをするのが私たちを構成している分子なのです。そういう意味ではほんの一端を自然が垣間見せてくれただけでして、「ありがとうございます」と頭を下げるしかない。

内田　いやあ、いい話ですね。分子生物学的レベルで起きている個々の細胞のふるまいと、社会活動のレベルで起きている個々の人間のふるまいの間には構造的な相同性があるんじゃないかとぼくはずっと考えてきたんですけれど、今日お話をうかがって、その確信を強めました。

極小の世界から極大の世界まで、同一の構造がサイズを変えて反復されるというのは、さまざまな宗教的神秘主義に共通する考え方なんですけれど、考えてみたら当たり前なんですよね。極小の世界も極大の世界も、人間がその等身大から出発して、人間の等身大で理解できるモデルを適用することでしか理解できないんですから。というか、人間の等身大スケールで見えるのと「同じ構造」が見えることを人間は「理解」という言葉で言っているんじゃないですか。

Ⅱ

川上弘美(ひろみ)さんと

この世界を記述する

物理現象としての「輪廻(りんね)」

福岡　今日、こうして一介の生物学者である私が川上さんとお話をしているのには、長いいきさつがあるんです。

川上　はい、実は私も大学では生物学科を出ておりまして、そういう縁で一度お目にかかったことがあったんですね。

福岡　当時は、何を研究されていたんですか。

川上　研究というほどのものではなかったんですけれど、卒論ではウニの精子のしっぽがどういうふうに動くのか調べていまして、毎日顕微鏡でウニの精子を見ていたんです。千葉の館山(たてやま)にある大学の臨海施設にウニを捕りに行ったりもしました。今はどうかわからないけれど、引き潮になるとそこらじゅうにウニが転がっていたんです。引き潮はたいてい真夜中なので、工事現場用の灯りのついたヘルメットをかぶって、ももの辺りまであるゴム長を履いて、足元を照らしながらウニをバケツに拾っていました（笑）。

福岡　その頃の写真はないんですか。

川上　残念ながら。撮っておけばよかったですね。福岡さんはどういうきっかけで生物学の道に進まれたんですか。

福岡　私は昆虫少年だったんです。少年時代の夢は、きれいな新種の虫を見つけて、それに自分の名前をつけて図鑑に載せることでした。その夢は果たせず終わってしまいましたが。

川上　昆虫好きにも、カミキリ好きとか、いろいろありますよね。

福岡　私の場合は、蝶ですね。

川上　蝶ですか……。私、蝶が怖いんです。自分が乱暴なもので、触ったら、すぐにこわれてしまいそうで。

福岡　蝶を標本にする過程では、残酷なことをたくさんしているんですけれど、そのなかに羽根をきれいに開かせる展翅というプロセスがあります。羽根の角度が美しいか、触角が左右対称に開いているかなど、気をつけなければならないことがたくさんある作業なんですが、ここで気を抜くと、小指の先がわずかに蝶に触れても、羽根がはらりと落ちたりする。だから、命の脆さを指先が覚えているわけです。

川上　私も昆虫は好きだったんですが、蝶は怖かったので、甲虫なら大丈夫かなと思ったんです。カブトムシのような硬いキチン質の外殻を持ったもの。

福岡　キチン質という言葉が自然に出てくるあたり、さすが生物学科出身ですね（笑）。

川上　本当はゴキブリの研究をしたかったんです。

福岡　そうなんですか。

川上　有名な石井象二郎先生という方がいらして、その研究室に憧れたりもしました。

福岡　石井先生は、ゴキブリのメスがオスを呼ぶ物質を調べて、究極のゴキブリホイホイを作ろうとしていた方ですよね。研究室に行くと、ポリバケツが何台も置いてあって、近づいてみると、中でざわざわっと音がしていたらしい（笑）。

川上　いいですね（笑）。とにかく私は劣等生で、そもそも生物学科に入ったのに、生物学が面白く思えない。今にして思えば、何も知らないからなんですけど、知る前に小説を書きたいと思い始めてしまったので、図書館に行っても小説ばかり読んでいました。それじゃいけないと、たまには「サイエンス」のような科学論文の載っている雑誌を読んだりもするんですけど、ちゃんとした論文は飛ばしてしまって、蚤の跳躍の統計をとったところ一時間にのべ何メートル跳んだとか、そういうものばかりを読んでいました。それで卒業して二年間くらい、バイトをしたり研究生をしたりして、そろそろお金を稼がなきゃと思っていたら、運よく中学・高校の理科の教師の口があったんです。実は、教師時代の話はほとんどしたことがないんですけれど。

福岡　ぜひ聴かせてください。

川上　教えるのは結構好きだったんですよ。なかでも一番好きだったのが生態系の授業でした。自分の世界観の根本になっていることを言えるような気がしたんです。地球には人間だけでなく動物もたくさんいて、動物は植物を食べて生きていて、植物は雨水や光をもとに酸素と、生物の栄養素や体のもととなる炭素化合物をつくりだす。では雨水はどこからくるかというと、地上にあった水分が蒸発して、雲ができて、雨になってまた降ってくる。そういう地球全体で回りまわって成り立っているものがあるんだよ、と。

人は死んでもいろんなものに生まれ変わる、ということも、科学的に説明できる。人間の体は、それほど多くの物質からできていなくて、主に酸素と水素と炭素と窒素くらいなんです。だから、人間が死んで体が分解されると、最終的には水と二酸化炭素と、あとアンモニアなどとなり、それが地面や大気に染みこみ、また蒸発して雨水となる。すると、植物の体の中に再び取り込まれて、その植物を食べた動物の体となる。仏教でいう「輪廻」と同じ現象が、現実に起こっているんですね。だから、宗教的な意味でなく、具体的な物理現象として、私たちは死んでもまたどこかで何かの体の中に蘇(よみがえ)る可能性があるんだよ、と。

福岡　ええ。

川上　結局、四年くらいで教師を辞めてしまいましたが、小説を書き始めたあとも、生物をかたちづくる物質は死後も世界を循環するという考えはずっと心の中にありました。それが二年位前かな、福岡さんの『生物と無生物のあいだ』を読んで、びっくりしたんです。私が授業で話していたのは、生物が一生を全うした後のことであり、その生物が生きている間、つまり寿命あるうちは物質として同一のものだと思い込んでいました。けれど、『生物と無生物のあいだ』を読んで、標識をつけた餌(えさ)をネズミに食べさせると、それが即座に体中を駆けめぐり、例えば、その瞬間胃の一部に置き換わってしまうことを知って、本当に驚きました。なんだ、寿命あるうちどころじゃなくて、こうして生きている間にも毎日、私たちと外の世界は入れ替わっているのか、と。それが福岡さんの本との出会いでした。

福岡　ありがとうございます。まさにおっしゃった通りでして、一見すると私たちの体は確固たる物質の塊のようですが、時間の尺度を千年、一万年単位にして見ると、分子のゆるい淀(よど)みでしかありません。体を構成している要素は絶え間なく分解され、新たに取り込まれたものに置き換えられ、個体は常に外界と入れ替わっている。その意味では、今ここにいる「自分」という存在は一種の気体のようなものなんです。つまり、そこにあるのは流れそのものでしかない。そうした流れの中で、全体として一定のバランス（恒常性）が保たれた状態のことを「動的平衡」といいます。

川上　「動的平衡」は今度福岡さんが出された本の題名でもありますね。

福岡　仏教に詳しい人から聞いたんですが、輪廻思想といっても、生まれ変わって何かになるという考え方だけでなく、自分の分子が散らばって、ミミズの一部になると同時に岩石や海水の一部にもなるという世界観もあるようです。だから実は、科学というのは昔から人間が知っていたことを言い直しているにすぎないとも言えるのではないかと思います。

川上　福岡さんの本を読んでいると、もしも自分が根気があって勉強家で、きちんと生物学を学びつづけられていたとしたら、こういうことをしたかったのではないかな、と思うんです。自分は全然だめだったんですけど、福岡さんがいらしてよかったです（笑）。

不可逆な枝としての「時間」

川上　私は、生物というのはどんな個体も唯一無二の存在だと思っているのですが、そのことをどうやって小説として表現できるかを考える時に、福岡さんの著書に目を開かされることが多いんです。

『動的平衡』で、「時間」について書いてらっしゃいましたよね。例えば、胃を――さっきから胃にこだわるのは私が食いしん坊だからなんですけど（笑）――ものすごくスーパーな胃に取り替えたら、もっと食べられるようになるかというと、そうではないと福岡さんは書かれています。脳の方がわかりやすいかな。つまり、すごく頭のいい脳を自分に移植したとして、頭がよくなるかというと、どうもそうではないらしい。なぜなら、脳単独で今の自分ができたわけではなく、脳があって心臓も胃もある、そういう関係性のなかで時間を経ることによって今の自分ができている。だから、何か一つを交換したからといって、全体がスーパーになるわけではないと書いてありました。この「時間」というのが、小説を書くことともものすごく関係していると思うんです。

福岡　それは具体的にどういうことですか？

川上　小説を書く時、私はあまり筋書きを決めません。例えば、男がいて女がいて、その男女が電車に乗ってどこかに行く、というところまでしか決めない。そして書き進めているうちに、二人はきっと駅で降りてうどんを食べるんだということが、なんとなくわかってくるんです。じゃあ、どんなうどんを食べるのか。男はきつねうどん、女はたぬきそばを食べた、男は唐辛子をすごくたくさんかけた、と書いていくと、それなら、この二人はこの後お墓参りに行くのかもしれない、最後にはふたりは心中してしまうのかもしれない……。こんな、最初は思ってもいなかったことが、書くことによって出てくるんですね。書いているうちに、だんだんその物語がどこへ行くのか決まってくる。

もちろん、うどんではなく、親子丼を食べたと書くこともできるわけで、あらゆる選択肢が作者には与えられています。でも、この人たちなら、この場所、時間なら何を食べるだろう、と考えると、うどんが出てくるんですね。もし親子丼を食べたなら、まったく別の話になるかもしれません。親子丼を食べた男女は、お墓参りには行かずに映画を観に行って、その後、すごく派手な結婚式をして一生幸せに暮らしたのかもしれない（笑）。同じ男女の登場人物でも、物語の可能性は無限にあって、でも作家は、ひとつの物語を選ぶしかない。「時間」というのは、そういう不可逆的な枝のひろがりの先にたどりつかせるものだと思うんです。

福岡　生物の営みとは同じことの繰り返しのように見えて、実はすべて一回性のものなんですね。「あのとき親子丼を食べなければ、今、私たちは結婚していなかった」と現在から過去を振り返って言うことはできるけれど、親子丼が結婚の原因ではありません。科学はいつも結果から遡って原因を求めるけれど、ともすると、親子丼を結婚の原因とするような分析をしてしまうことがあります。でも、それは科学的な物語、フィクションなんですね。

川上　一方で、小説にはパターン、型があると言う人がいますよね。恋愛小説なら「男女が出会って、恋愛して、そして障害によってかえって燃え上がる」というパターンがある。そのパターンを崩したものも、やがて別のパターンになる。世の中にはそういうパターンが出尽くしているから、小説なんかもうおしまいだよと言う人もいます。でもね、私、なんかそれは違うぞってずっと思っていたんです。

福岡　それは違いますよね。

川上　それが「時間」ということと繋がっているような気がしています。つまり、障害があって燃え上がる恋愛小説を一生書き続けていたとしても、それは全部違うものになる、と私は思うんです。書く人が同一人物だったとしても、その人が年を取ることで書き方も変わるし、昨日食べた鯛焼きがおいしかったから今日は違うことを書けるんじゃないか。それこそ昨日と今日では自分の構成分子が違うのだから、小説も全然違うものになるんじゃないかって。

福岡　ええ、そうですね。

川上　という希望を福岡さんの本から得ました。福岡さん、ありがとうございます（笑）。

福岡　私の専門であるところの生物学も、そして文学も、あるいは宗教も、それぞれに語られる文体や表現が異なるだけで結局のところ、人間とは何なのか、生きるとはどういうことか、世界はどういうふうに成り立っているかを知りたいというところから始まったものだと思うんです。

だから科学がデータやグラフや顕微鏡写真によって客観的に記述されるように見えたとしても、それはあくまで一つのプロセスでしかなくて、本当は、それがどういう意味をもつのか、誰にでもわかるシンプルな言葉で語ることができた時こそが、生物学の出口なんですね。そして、そこから外に出てみると、実は他の道をたどってきた人たちと同じ水脈に達しているような気がします。

この世界を記述するということ

川上　もうひとつ『動的平衡』を読んでいて、初めてわかったことがあったんです。私は若い頃、小説が書けませんでした。いえ、書いてはいたんですよ。でも、どうしても、うまくゆかない。そして、どうしてうまくゆかないのかがわからなかった。それがようやくわかりました。つまり、若い頃に書いていた小説は「部分」だったんです。

例えば、人生は大変なものだということを書きたいとします。でも、文章で「人生は大変なものだ」と書いても、小説にはなりません。もちろん言語としては正しいんだけれども、それだけでしかない。

福岡　それをうかがって思い出したのですが、先日、野村萬斎（まんさい）さんのイベントで、人形浄瑠璃（じょうるり）遣いの桐竹（きりたけ）勘十郎さんに、文楽人形の動きを見せてもらったんです。文楽人形の骨格というのは、頭と木枠に手足がぶらぶらついた状態で、それぞれのパーツが細い糸で繋がれていて、それを三人の黒子が動かすと、あたかも生きているように見えてきます。

どうして、生きているように見えるかというと、そこに「動的平衡」があるからなんです。それぞれのパーツが細い糸で結び合わされていて、互いに他を律しています。例えば、長刀（なぎなた）を持った手が向こうに伸びると、その緊張が糸を通じて他の手足に伝わっていく。さらに黒子の三人も、足遣いの右手は常に主遣（おもづか）いの脇腹（わきばら）に当てられていたりして、互いに緊密にやりとりをしているんですね。

逆に、生きていないように動かすにはどうすればよいかというと、糸を切ってしまえばいいんです。糸を切るとそれぞれのパーツは文字通り、部品化してそこにある機能の範囲でしか動けません。つまり生きていない動き、マイケル・ジャクソンのダンスやロボットのような動作になってしまいます。

川上　私が若い頃に書いていたのは、糸の切れたバラバラの手だけを取り出したようなものだったんですね。それは生きているものではない、と読んだ人が瞬時にわかってしまう。だから、書いていても甲斐（かい）がないのは当たり前でした。

福岡　川上さんの連作短篇集『どこから行っても遠い町』を読ませていただいたんですけれど、ある時は男子高校生だったり、おばさんだったり、少女だったりと、このように自由自在に一人称を使い分けられるようになったのはいつ頃からですか。

川上　自由自在かどうかはわからないんですけど、「部分」だけのものではないのではないかと少しは思える小説が書けるようになったのは、三十歳を過ぎてからですね。

なんというか、余分なことが書けるようになったような気がするんです。

　小説を書いていると、作品全体にとっては無駄だと思うことを、ふっと書いちゃう瞬間がある。昔はそれを許せなかったんです。でもある時期から「ま、いいか、書いちゃったものは仕方がないから、そのままにしとけ」って思うようになりました。その結果、小説が自分でも思わぬ方向に展開していくことがある。それができるようになったのは、たぶん「生活」を始めてからですね。お勤めしたり、結婚して専業主婦をしてみたり、スーパーに買い物に行ってどっちが安いか悩んだり、洗濯をしてアイロンをかけたけど上手くいかなかったりとか、そういう瑣末なことをたくさんするようになったら、よくわからないけど、瑣末なことが書けるようになったんです。

福岡　「部分」というのはジグソーパズルのピースみたいなもので、常に取っ手が出ているんです。川上さんがおっしゃったように、些細なことから次に繋がる細い糸が伸びていて、それを辿っていくとまた新しい糸が伸びている。ジグソーパズルの周りは枠になっていますが、それは、「部分」を切り取っているわけで、現実にはエネルギーと情報と物質のやりとりが繋がっていく限り、無限に外に開かれている。だから、「全体」というものも本当はないんです。でも、人間は全体を一挙に捉えることができないので、どうしても部分的な見方をしてしまうし、その周りに違う世界が広がっていることを忘れて、切り取られた世界の中だけのロジックで考えてしまう癖があります。

川上　人間って混沌に耐えられないものだと思うんですよ。私はすごく片づけが下手で、家が汚いんですが、その私でさえ、汚さが極限に達すると片づけ始めてしまう。小説もそれと同じだと思うんです。世界は混沌としているから、それをありのままに書こうとするんだけれど、言葉によって規定するということは、どうしても整理してしまうことになる。だから問題は、混沌とした世界をいかにそのまま差し出せるかで、小説を書く人間はそこに心を砕くわけですね。昔、書いていた小説は整理されすぎていたけれど、今は不自然に整理しないものも多少は書けるようになった。そういえば、昔はもう少し部屋がきれいでしたが、今は散らかっていても平気です（笑）。

福岡　実は言葉によって、この世界の成り立ちを記述するという行為自身が、ある種の分節化であり、抽出であるわけですよね。分けることが分かることだという。しかし、分節化されたものを再統合し、捨て去られた関係性をもう一度取り戻すことができるのもまた、言葉の作用だと思います。つまり結局、言葉でしか語れないし、納得ももたらされないんじゃないか、と。

川上　筒井康隆さんが、「小説家はいいかげんなところがないと小説を書けないよ」

とおっしゃっていました。でも、筒井さんの小説ってすごく論理的なんですね。その一方で、読者として一気に引っ張られてしまう力もある。理詰めのように見える筒井さんが、あえて「いいかげん」とおっしゃるのは何だろう、とずっと思っていたんですが、今の福岡さんのお話に出てきた「糸」を持たなきゃだめだよってことなのかな、と思いました。

ガン細胞の永遠の孤独

福岡　私も川上さんの小説を読んで、いろんなことを考えさせられました。『どこから行っても遠い町』の表題作の主人公は、自分は何事も決めずにここまで生きてきたという人物ですが、ある時「でもそれは、違っていた」と気づく非常に決定的な場面がありますよね。妻にも娘にも愛人にも、何も決定的なことを言ってこなかったし、すべてを委ねて生きてきた。それにもかかわらず、自分が存在しているだけで、何かを決めていたんだと気づく。その場面を読んだ時、私はちょっと震えてしまいました。

川上　どうもありがとうございます。

福岡　実は細胞の世界にも、それと同じことがあるんです。細胞は、受精卵が二つ、四つ、八つと分裂して増えていって、数百個ぐらいになった時、初めて自分がどんな細胞になるかを決めはじめます。つまり、細胞一つ一つは最初から自分の天命を知っていて、私は脳になる、私は肝臓の細胞だ、と決めているわけじゃない。指令書も持ってないし、誰かに命じられるわけでもない。では、どうやって決めるのか？　実は前後左右の細胞とそれぞれ空気を読み合うんです。空気というのは喩えですけれど、隣り合う細胞同士が接していて、情報や物質を交換したり、細胞表面の凸凹を互いに差し出したりしてコミュニケーションをとって、「きみが脳の細胞になるならば、私は心臓の細胞になろう」「きみが皮膚の細胞になるなら、私は骨の細胞になりましょう」と文楽人形のパーツのように細い糸で結ばれながら、互いに他を律して、自分の分担を決めていく。

　この時期の細胞同士のコミュニケーションが、その細胞の後の人生を決めるうえで、非常に重要な鍵を握るわけなんですが、ここで、細胞を一個一個バラバラにしてシャーレに撒くと、その細胞はどうなるか？　というと、前後左右の細胞がなくなって、互いに空気が読めなくなって、結局みんな死に絶えてしまうんです。つまり、自分が何になるかを決められなくて、死んでしまう。

川上　それを『動的平衡』で読んだときは、驚きました。

福岡　そのことを、今から二十年位前に、何回も繰り返して実験した人がいたんです。すると、ある条件下では、バラバラにされた大半の細胞は死んでしまうのに、ごく一部、自分が何になるか決められないままに分裂だけはやめない細胞がありました。それが昨今、新聞紙上に盛んにでてくるＥＳ細胞です。つまり、ＥＳ細胞とは、自分が何者になるかわからないままに増え続ける、時間が止まった細胞なんです。つまり自分探しをしている永遠の「旅人」（笑）。

このＥＳ細胞に「空気」を読ませると何かになるんです。別の受精卵からできた数百ぐらいになった細胞の塊の中に、自分探し中のＥＳ細胞を戻してやると、前後左右のコミュニケーションができ、うまく全体と折り合いをつけて、心臓になったり、脳や肝臓になったりする。何になるかは、細胞の塊のどのあたりに入ったのか、そこで周囲の細胞とどのようなコミュニケーションをしたかによって決まるので、その都度、まったくの一回性の過程を経ることになるんです。でも、わずかにタイミングがずれただけで、コミュニケーションができなくなってしまって、ＥＳ細胞は何にもなりきれずにどんどん増えて、ガン細胞になってしまう。

ガン細胞というのは古くから知られていますが、一旦（いったん）は肝臓の細胞に、あるいは脳や皮膚の細胞になったのに、ある時、自分自身を忘れて逆戻りして無個性になって、無目的に増え続けて、全体の仕組みを乱してしまう存在です。だから、ガン細胞とES細胞というのは紙一重なんですね。ガンの究極的な治療法があるとしたら、そのガン細胞に「きみはもともと肝臓の細胞だったじゃないか。正気に戻りなさい」と言って、その細胞がハッと気づいて肝臓の細胞に戻ることです。しかし、ここ百年、世界中の科学者が最高の知恵を絞って研究してきても、今なお、自分自身を忘れたガン細胞に自分を取り戻させることはできずじまいなわけです。だから、ガンがコントロールできない程度にしかES細胞はコントロールできないわけでして、ES細胞にバラ色の夢を語り過ぎることに対して、私はもうすこし慎重じゃないといけないなと思うんです。

川上　擬人化してしまうんですけど、細胞同士が周りの細胞の言うことを聞いて、「じゃあ、きみがそれなら僕はこうだ」って、まるで人間の社会みたいですね。そして、周囲の声が聞こえない場所に生きていて、それでも増え続けてしまうES細胞、ガン細胞というのは、ものすごく孤独なように思えます。

福岡　そうですよね。今おっしゃられたように、科学は擬人化してはいけないとも言われますが、細胞のふるまいを記述しようとすると、擬人化しないと語れないことがたくさんあります。個体にとってガンは致命的だけど、ガン細胞そのものは永遠の命をもっているとも言える。個体から離れてシャーレの上でも生きていける。永遠の孤独を生き続ける細胞なんです。

川上　何かを食べると、瞬時に体の中の細胞のいろいろな分子が入れ替わってしまうとすると、やっぱりガン細胞の分子も入れ替わっているんですか。

福岡　その通りです。ガン細胞のほうがより生き急いでいるので、分子が入れ替わるスピードもより速くなる。

川上　それって、すごいことだなと思います。今、物を食べるって単純に言っちゃいましたけれど、そうだとすると、私たちは自分を損なうガン細胞、非常に孤独で孤高で空気が読めないガン細胞のことも生かしているということになるわけですね。

福岡　そうなんです。

川上　それも人間の社会に通じるものがありますね。ガン細胞って、個人にとってはどう考えても悪なんですけど、より大きな目で見た場合、それが実際には世界全体にとってどういう意味をもつのかは判断できないのが現状ですよね。

福岡　これだけ不確定なことだらけの世の中で、唯一確実なのは、人は必ず死ぬということだけです。人が死ぬというのは生物学的に言うと、非常に利他的なんですね。だから、死んで世代交代することが動的平衡、つまり新しい状態をもたらすことなので、絶え間なく入れ替わっているというのは、自分の体の中が入れ替わっていることでもあり、ガンを抱えながら生きているということでもあり、また、死んで新たな生命が生まれるということでもある。

川上　もし永遠に生きたら、自分がガン化していることになるわけか。

福岡　そうそう。

川上　なんだかそらおそろしいような話ですね。こういう話をしていると、この大きな世界の中の微々たる個というもののよるべなさ、力のなさ、大きなしくみの中でただどこかに運ばれてゆくことを甘受するしかない非情さを、しみじみと思ってしまいます。ただやはり、福岡さんのおっしゃる「時間」というもの、そこに何か光があるようにも思うんです。よるべない個、非力な個であっても、「時間」というものが与えてくれた唯一無二性が、必ずある、流されるしかなくても、どんなに力がなくとも、唯一無二なことは確かなのである、その個に時間が流れつづける限りは、ということですよね？

福岡　そうなんです。時間を止めると、生命は機械仕掛けに見えてしまう。時間を止めて見るから、歯車を替えればもっとよくなるように思うけれど、実は時間は常に動いているので、自動車の運転をしながら自動車を直せないのと同じように、動いているものの部品を取り換えることは本来できないわけです。私はある種の無常感を語っているようでもあるけれど、実はよいことも悪いことも結局流れ流れていくわけで、それはある種の肯定的な希望でもあるんじゃないかと思うんです。

川上　禍福はあざなえる縄のごとし、ということでもあるんですね。自分の小さい人生を考えてみても、「こんな失敗した。人生、もうおしまいだ」と思っていると、五年後ぐらいに「あっ、あの失敗があってよかったんだ」とわかることが結構あるような気がします。

福岡　ええ。最近、効率性ということが取り沙汰されますが、効率というのは、ある時間あたりのパフォーマンスであって、月収だとか年間売り上げのように、常に時間が分母になっていて、それで割り算した結果ですよね。でも、その一時間をいくら効率的に過ごしたとしても、次の一時間を怠けてしまえばトントンなわけです。他方で、動的平衡というのは出たり入ったり、浮いたり沈んだりのダイナミックな運動の中で、全体としてバランスが保たれているという状態です。これは効率とは正反対の概念なんですね。

川上　私が若い頃に「三高」という言葉があって、女の人が結婚する時に望むのは、身長が高くて学歴が高くて年収が高い男の人だと言われていました。でも、私はそれを聞いた時に「えっ？」と思ったんです。そういう人を私は望まないというつつしみなどではなくて、「それはまずいんじゃないの？」って。だって、三つも高いことがあったら、確率的には三つ低いことがあるはずだから（笑）。ともすると私たちは、プラスのことばかりを望みがちですよね。でも、もし今すべてがいいことばかりだと、将来にはものすごく怖いことが待っているかもしれないんですね、「動的平衡」の考え方でゆけば（笑）。

Ⅲ

朝吹真理子さんと

記憶はその都度つくられる

記憶とは何か？

福岡　ご無沙汰しています。新聞の書評の会でお目にかかってから、朝吹さんは芥川賞を受賞されて、大地震が来て、夏がまた来てと、いろんな出来事がありました。

朝吹　きちんとお話しするのは初めてで、今日はすごく楽しみです。

福岡　こちらこそ。

朝吹　観戦記を書くために、対局室で羽生善治さんと昨晩お会いしたところです。で、「明日、福岡さんとお目にかかる予定があるんです」と言ったら、羽生さんは「ぜひよろしくお伝え下さい。おネズミ様は元気ですか？」とのことでした。

福岡　おネズミ様（実験用マウスのこと）は、なるべく殺さないようにしようと思っているのです。朝吹さんは、将棋をされるんですよね？

朝吹　大好きです。それで思い出したのですが、以前、名人戦の夕食会に出た時、羽生さんに「記憶」について質問したことがあって、「記憶は、やはり、淀みだと思います。『動的平衡』にあったのですが、自分が記憶について感じていることに、最もフィットする表現だったんです」とおっしゃって、胸が高鳴ったことがありました。

福岡　私は羽生さんから、盤面を記憶する方法について、「9×9の81マス目を4分割して、頭の中に描いています」と伺いました。実際の対局の時は、目の前の将棋盤はあまり見ておらず、五手先十手先の局面を思い浮かべながら駒を動かしているそうです。将棋は不思議な視覚性で動いていますね。

朝吹　棋士は盤面の記憶をスライド写真のように貯えているのではないか、と考えられがちです。でも、人間の記憶は地層のように蓄積されているわけではなく、どちらかといえば、水面に瞬間ごとに映り変わるものをぼうっと見ているようなもの。羽生さんは人間の記憶のシステムにとても自覚的です。強さの秘密の一つではないかと思いました。

福岡　そうかもしれません。人間の記憶について考える場合、だいたい、頭のどこかにビデオテープのように再生可能な貯蔵物質があるとか、あるいは今、朝吹さんがおっしゃったように、スライドのような形でアーカイブがあって、一つ一つ引き出されるという形を想像します。でも、脳の中には、そんな記憶物質などどこにもありません。生物体内のすべての物質は高速の代謝回転の中でたえまなく分解されているので、記憶が物質レベルで保存されていることはありえないのです。

では、記憶とは何か？　星が線で結ばれてはじめて星座に見えるように、脳細胞の

回路に電気が流れて記憶が再現されているのですが、脳細胞の回路は細胞の常としてたえず再編されているので、かつて流れていた場所のこの辺りかなという周辺を電気が流れているだけです。つまり、昔の記憶がそのまま再現されているのではない。むしろ記憶とはその瞬間瞬間で新たに作られているもので、蓄積されていたものが甦るのではない、と考えた方がよいのです。そして電気信号は、流れるとすぐに消えてしまいます。

生命にとって情報は「消える」ことに意味があるんです。すぐ忘れて消えることに意味があって、いつまでも変わらず残っては「情報」にならないのです。ある信号がすーっと出現し、またすーっと消えてゆく。その落差が次の反応や行動を呼び起こすからこそ情報なのであり、いつも同じ強度だと情報の役目を果たせません。ずっと同じ匂いを嗅いでいると感じなくなるでしょう。あるいは、人間の口の中も本当は薄い塩味、血液の味がするはずですが、それは感知されず、何かを食べたときの増分や減ったときの差分だけが感知されるんです。生命の中の情報はたえず動いていますし、記憶もその都度作られるという意味で動いています。

今、情報化社会と言われていますが、インターネットの中にある情報のように、アーカイブがずっと蓄積され続け、必要な時に引用されるものは、生命的な意味の情報

ではありません。

朝吹　ボルヘスの短篇で「記憶の人、フネス」（『伝奇集』の一篇）という、経験したことを全部記憶してしまい、忘れることができない人の話があります。最後に発狂してしまうんですが、妄想のような形で、記憶への恐怖心を見事に描いています。不思議なのは、確かに、脳が記憶で満たされるという感覚があるような気がすることです。人間のシステムとして、水面に映るような瞬間で映り変わる可変的なものだとわかっていても、どうしても、地層なりアーカイブなりを思い浮かべてしまうというズレがあります。アーカイブすれば目に見えてわかりやすいから、自分のシステムも同じだと思い込んでしまっているのでしょうか？

福岡　むずかしいところです。生きていることは現象であり、作用です。もともと物質的な基盤は何もなくて、どんどん入れかわり、常に動く機能なのです。つまり、本当の意味で自己同一性を担保しているものなど何もない。だからこそ、人間の精神作用として、時間に錨（いかり）をつけてどこかに繋（つな）ぎ止めておきたいと思う。

朝吹　変わらないもの、がないと困る。

福岡　五年前の記憶、十年前の記憶、十五年前の記憶を区別できるのは、手帳の記録や事件との関わり、年表などによって参照できる地層があるからです。何の手がかりもなく複数の記憶を取り出して見せられて、どちらがどれぐらい古い記憶か答えよと問われてもおそらく実感としては再現できない。ただ、記憶が不確かだと、自分の同一性や、来し方・行く末をクロノロジカルに考える上では、とても不安です。記憶の地層を作ることは、「動的なものをとどめたい」という不可能な願いだと思います。字に書いたり、縮刷版の新聞記事をならべるような感じで記憶を整理しようとすることは、生命が瞬間的な現象であることに対して、抗っているのだと思います。

名づけるしかない寂しさ

福岡　朝吹さんの芥川賞受賞作『きことわ』でも重要な役割を果たしているバージニア・リー・バートンの絵本『せいめいのれきし』を、今日持ってきました。見返しには、地層の絵が出てきます。

朝吹　小さいころは恐い本で大嫌いでしたが、この数年で好きになりました。

福岡　『きことわ』にはっきりとタイトルは出てきませんが、「水族館の売店で買った」とあります。さすがにつくり話ですよね。

朝吹　はい（笑）。

福岡　この本は私にとって、少年時代からのバイブルです。デザイン的にもすごく優れていて、青海波（せいがいは）みたいな絵がずっと続いている。また、生命が現れる前から物語が始まっており、語り手が天文学者、地質学者、古生物学者とだんだん変って、最後は自分の祖母と自分自身になるという工夫をしています。最後の方の絵は、著者自身の家を描いており、膨大な生命の歴史が自分につながっているという流れがうまく出来ています。もうひとつ、地層の名前が面白い。ジュラ、カンブリア、オルドビス、シルル……。カンブリアってそもそも何のことか知っていますか？

朝吹　さて……？

福岡　もともとはイギリスの地名で、この時代の岩石がはじめて出土された場所の名前です。そのほかは、出土した場所の辺りに住んでいた古い民族の名前を勝手に古生物学者が引用して作ったもので、シルルはウェールズの古民族、オルドビスは古代ケルト系民族の名前です。他に、たとえばジュラは地名です。典拠（てんきょ）は入りまじっていますが、響きがどれもとても面白いですよね。

朝吹　人が物の名前をつけることの面白さがありますね。時が経（た）つにつれて、学名が変更されていたり……。

福岡　「ディニクティス」から「ダンクルオステウス」に変わった魚の名前もありま

す。

朝吹　小さい頃からこの世の理（ことわり）を知りたいという気持ちが強かったんです。人間の社会の成り立ちというより、長い長い歴史の中で、今、人は一瞬だけ生きて明滅して消えて次に行くとして、自分がどういうところに立っているのか知りたいんです。雨が降ったり、雲が流れたりするメカニズムと同時に、どうして美しかったり寂しかったり、同じ雨や雲の景色を見ても日々感情が変動するのかも、科学と全然関係ない抒情（じょじょう）的な気持ちで知りたい。未知なものを理論的に知りたい欲求と、感情の領域の問題の二つの欲求があって、こうやって名前をつけると、どこかでわかったような気がするんです。

福岡　ラベルをつけることでわかった気になるんですよね。

朝吹　流れている時間を名づけることでしか把握する方法がないことはとても寂しいことですね。

福岡　人間がどこから来たかを知りたい、世界を記述したいという欲望は、個人個人の思いであると同時に科学の目標でもあります。ある時期に「名づけ」をして、言葉の各々（おのおの）の意味を地層として重ねて考えているわけです。しかし、実際はサンドイッチを重ねるように地層が分かれていたわけではなく、連続する時間が流れている中に、横からミルフィーユのように線を入れるように、人間が勝手に切断して各部分を分け、名づけているだけなのです。

朝吹　時の流れを点にして捉えているわけですね。

福岡　時代の名称については、かなりいろんな和名がつくられましたが、古生物学だけは学名が多すぎて、翻訳できませんでした。地質時代の名前も白亜紀と三畳紀など、大きなものは日本語になっていますが、カンブリア紀はカンブリア紀でしか表せない（笑）。昔の魚の名前も、そのままのものがほとんどです。それを子供が読むと、何となく響きが楽しい。その名前により、頭の中で人工的に本当は実在しない地層を作り出しているんです。子供の頃はなかなか気づかないけれど、『せいめいのれきし』ではそれが一巻の物語としてまとまっているところに嬉しさがあります。

朝吹　だからこそこの本は怖いんですよね。物事を把握したいという欲望がそこには明確にあるから。

「顕微鏡の父」の欲望

朝吹　福岡さんの『フェルメール　光の王国』を読みながら、画家でも天文学者でも数学者でも、この世界に目には見えないけれど美しい構造が存在していると信じる人たちがいて、その構造を記述可能なものにしたいという強い欲望があるのだとつくづく思いました。先日、京都国立博物館の「百獣の楽園」という、日本美術の中から猿や犬など動物画を何から何まで集めた展覧会を見に行ってきたんです。そこに、長沢芦雪がものすごく大きな扇子に顕微鏡で見た蚤を細密に緻密に描いた「蚤図扇面」を見た時に……。

福岡　「顕微鏡の父」、アントニ・ファン・レーウェンフックを思い出す。

朝吹　芦雪とレーウェンフックの欲望は同じです。見えないものを見て記述したい、瞬間的にどこかへ行ってしまうものを捉えて、紙などにとどめたい欲望が、時に芸術を生むことがあると、改めて実感しました。私も、フェルメールとミクロ世界の観察者レーウェンフックに親密な交流があったという福岡さんの大いなる仮説に寄り添いたいです。

福岡　また一票入れてくれる人がいて、嬉しいな！　今日は、ちょっと面白いものを持ってきました。レーウェンフック型の顕微鏡（16頁図1を参照）です。

朝吹　こんな形だったんですか。

福岡　顕微鏡で見た像をそっくりそのまま絵に描くのはとてもむずかしいんです。今でも理科系の学生は顕微鏡実習で、細胞の切片をガラスに挟んでスケッチする練習をするんですけれど、「では描いてください」と言うと、幼い四歳の子供が描いたような不安定な線で、もわもわとした絵しか描けません。細胞を実際に見ると、本当に不確かなものでしかなくて、何が描かれているかは「見え」ない。つまり、教育を受けないと像を結ぶことができない。核、ミトコンドリア、ゴルジ体……細胞の中でどの装置がどういう機能を持っていてどう見えるのかを分けて、限定して部分ごとに名づければ、そのときはじめて顕微鏡を見て、「あ、見えます」という感じで描けるようになるのです。ものが見えるというのはものすごく人為的なプロセスなんです。

それでも、何とか一瞬を記述にとどめたいと願ってレーウェンフックは自ら顕微鏡を作り、絵を描いたわけですが、最初に使っていた顕微鏡は現在のものと似ても似つきません。これはレプリカですが、原寸大で実物と同じ素材で作ってあります。金属が二枚張り合わせてあり、中心の膨れている部分に高度に磨かれたレンズがはめ込まれ、尖(とが)ったピンの先に虫の足など見たいものを張りつけて、動かしたり向きを変えたりして覗(のぞ)くんです。

視野はとても狭いですし、焦点深度がものすごく浅くて、ほんの一瞬しか見えない。

見えてもすぐどこかへ消えてしまいます。根気よくああいう細密画を描いてゆくためには、顕微鏡にものすごく精通した上で、しかも絵の心得がある人でないと無理です。レーウェンフックの傍で、同時代の人間で移ろいゆく光をとどめたいと願っていた人物として一体誰がいただろうかと、考えてみてもください。

朝吹　フェルメールですね。彼はカメラ・オブスクーラへの関心があったとよく言われますが、顕微鏡的なものだったんですか。

福岡　針穴写真機にレンズがはめこまれたような装置らしいのです。光学的な作用にみんな興味があったのでしょう。レーウェンフックの顕微鏡のレンズを通して見ると、なかなか像は見えないんですが、焦点が当たっているところだけは見えます。

朝吹　これは何も見えません。

福岡　まだサンプルを何ものせていないから（笑）。

朝吹　このような紙など何かを挟めば、その紙が細かく見えるんですか？

福岡　そうです。でも、模様や色が描かれていないと、何も見えないでしょう。ところで、拡大しているその紙、何ですか？

朝吹　昨日の王座戦の棋譜です。

福岡　面白い紙ですね。昨日の結果は、どうだったんですか？

朝吹　羽生さんが挑戦者の渡辺明さんに負けましたけれど、すごい熱戦でした。投了後の感想戦では、投了図から朝九時に始まった形まですごい速さで戻ってゆきます。あまりの速さで戻るために、時間とは何だったのだろうかと考えざるをえないし、お互いの手を説明してゆくうちに、結局、選び取れなかった可能世界の話ばかりをすることになる。ぽこぽこぽこぽこぽこ、並行的にあったはずの時間にアクセスをしていく時間は、とてもSF的です。

福岡　多世界、メニー・ワールドですね。

朝吹　解説をされていた若手棋士の阿久津主税（あくつちから）さんが、「朝、出かける時、ぼんやりと家の外に出る時の景色を確かに今日見たはずなのに、将棋が終わった後は、本当にいつのことだったかわからない感覚です」と言っていました。一日の短い時間のあいだのことだと思えないのです。将棋は、選び取れなかった可能性の方が選び取った可能性よりも圧倒的に多いもの。だから、選び取れなかった可能性を考えることが大事なんです。

ゲームの本質も、最初に平面世界から構築して積み上げ、何かが立体的になってゆくと同時に、お互いがどんどんぶち壊してゆくというものです。昨日、今日、明日というリニアに流れている時間と、可能世界の選び取れなかった一手を考えている時間はたぶん異質です。羽生さんに、「未来をどういうふうに認識、体感していますか」と聞いたら、「明日を壊してゆく感覚です」とおっしゃって、ああ、なるほど、と。
福岡　生命的であると同時に、とても文学的な認識ですね。
朝吹　びっくりしました。現実に現在から未来に続くリニアな時間に出現する一手は、明日を壊してゆかなければ指せないんです。感覚がよくわかりました。

因果律は存在しない

福岡　フェルメールとレーウェンフックはともに一六三二年生まれです。もう一人の同年生まれに、スピノザがいます。哲学者ですが、レンズを磨いて生計を立てていました。スピノザの世界の捉え方は、この世界はあまりに複雑でさまざまなことが起こるし、予想することはできないけれども、どこかに「神の摂理」があるはずだというものです。出来事には複雑過ぎて見えないとしても、必ず因果関係があり、常に原因と結果を結ぶ通路があるはずだと考えました。
後にアインシュタインが、ある宗教家に、あなたは神を信じますか？　と問われて、「私は、スピノザの神を信じます。世界の秩序ある調和として現れている神を」と答えました。アインシュタインは終生、因果関係がどこかにあるという考え方を変えようとしませんでしたが、彼の考えていた世界はどんどん塗りかえられています。現在では、この世界は多元的なもので、因果関係は本当にはなく、ミクロの世界に行けば行くほど、原因と結果を結ぶ因果律のようなものはどんどん失われてゆきます。さまざまなことが同時的に起こり、しかも、たまたま観測した時にある現象が起こっているように見えるだけで、本当に起こっているのはどの現象であるか、無数の可能性があるわけです。

さっきの羽生さんの言葉ではないですが、何かを選び取ることは、並行する別の可能性をすべて壊さないと選び取ることにはなりません。だから、本当の因果律は存在しないんです。すべてが同時的に並行的にあること、これが本当の「自由」だと思います。ますが、人間は自由が怖いのです。

朝吹　寄辺（よるべ）ないから。

福岡　そう。だから、人間は星の運行を始めとしてさまざまな要因で因果が決まっているはずだと願いながら生きてきたのでしょう。因果を前提にしている。実は私は、なるだけ健康診断を受けたくないのです（笑）。こんなことを生物学者がいうと怒られるけれど、観測するから、病気が生まれてしまうのではないかと。たとえば、ガン検診にしても、微小なガンが少しずつ成長してゆき、ある時点で検査によって幸運にも発見されると考えられています。しかし量子的な多元世界として生命を見ると、そこには無数の可能性があり、ある部位にガン細胞があるかないか、常にどちらもありうるのです。ところが、CTスキャナーのような観測機器で無理やりスキャンすると、多元的な世界の可能性が壊されて、ガンが出現してしまうケースがありうるのではないか。もちろん、痛いとか、違和感があるならば話は別です。もうその時点で量子的な多元世界は釘づけされているので痛みを取り除くための努力が必要ですけれど、何もないのに敢えて病を選び取る必要はないと私は思うのです。

朝吹　健康診断に行かない理由ですね（笑）。私自身は因果関係がない方が気持ちとして納得できます。ただ、量子的な多元世界という考え方は、感覚的になかなか受け入れてもらえません。毎日、立場や意見が変われば、人の同一性が疑わしくなります。人間が絶えず変化する可変なものだということは、すなわち、留まることができないということです。もちろん人間社会でも、生きてゆく上では人が基本的に同じ意見を保ち続ける必要があることは理解できます。が、人間同士のつながりの中で、自分の生命的な運動とはフィットしない「留まる」ということが求められることには、常々疑問を感じています。

福岡　大いなる矛盾ですね。この世界は本来設計されたものではなく、発生してきたものです。「文學界」での島田雅彦さんと西村賢太さんと朝吹さんの鼎談を読んでいたら、小説の書き方として、西村さんはあらかじめシークエンスや構造を決めておく「設計図」がある方法で、朝吹さんは「数珠つなぎのように、前の一行が次の一行を支える形で進んで（中略）一文字先がわからない状態のまま書いていく」方法だとおっしゃっていました。この朝吹さんの方法論は、生命のあり方とそっくりです。

生命は、事後的に見れば、きちんと設計されていたように見えます。みごとなまでにきちんと機能が分担されている様を見れば、どこかにデザイナーがいるようにも見える。しかし、細胞は、一個の受精卵が二つに分れて、細胞同士がちょっとずつ相互に補完しあい、関係しあいながら、分化を進めて行きます。細胞一つ一つは全体のマップを持っていないのに、関係し合いながら、つながりながら、全体としてはある秩序を作れてしまうことが生命現象の最大の特性なんです。

人間の中にも、マップラバー（地図好き）という、地図で全体像をマクロに鳥瞰してどこに何があるかを把握してから、具体的な行動を始めるタイプと、マップヘイター（地図嫌い）という、地図などに頼らずまわりの探索行動・試行錯誤を繰り返しながら、自分の目的地に近づいていくタイプがいます。マップラバーは自分の現在地が定位されて、どこにいるかわかっていないと不安になってしまう。

生命はマップラバーというよりもマップヘイターです。鳥瞰的に設計されたものではなく、臨機応変に関係性をたよりに発生してきたものです。しかも、同じところに留まってはいない。だからこそそれを捉えるために、生命をとどめたり殺したりしなくてはならないのだけれど、捉えた瞬間に生命はそこにはないんです。科学は、常にそれをマップとして捉えられると信じてるけれど、文学はというと、捉えるのは不可能ですよと教えるために存在するんじゃないでしょうか。

朝吹　今おっしゃったような、細胞が周囲とのつながりで人体の形にまとまっていく生命現象の比喩（ひゆ）と似た形で作品を作ったのは、フランスのシュヴァルだと思います。彼は毎日、郵便配達の行き帰りに自分好みの石を拾って、ランダムに積み上げながら、自分の家の庭先に「理想宮」と呼ばれる巨大な建築物を完成しました。本当に偶然選んだ石で、即興的にお城を建て始めたのですが、同時にものすごく細やかな完成予想図の設計図を引いており、しかもそれが日によって変動してゆきます。建築としては矛盾に満ちた、拾った石と建物のヴィジョンが交通事故のような形で出会う瞬間を重ねる形で生まれたものですけれど、矛盾は矛盾のままで限界を凌駕（りょうが）し、人体の造形の不思議と同じ形で一個の作品が完成していく。シュヴァルの方法こそが、自分にとって理想的な小説の書き方だと思います。

福岡　たしかに、自発的な重なり合いという原則を維持しながら、時々、鳥瞰的な視点ともうまく往復して作品が作れれば、すてきなものになるかもしれません。

実は、シャーレの上で細胞を育ててゆくと一層のうすいシート状に増殖し、一番辺縁にくると隣が細胞でなくて異物（シャーレの壁）になります。すると、細胞はそこで増殖を止めるんです。「コンタクトインヒビション（接触阻害）」という現象ですが、つまり、細胞は自分の「分」を知っているんです。決して互いに細胞を乗り越えようとしません。ところが、ガン細胞になると、どんどん他の細胞の上に乗っかって増殖してしまいます。ガンというのはコミュニケーションの病とも言えます。

崇高さと美の違い

朝吹　授業でしか顕微鏡を触る機会はなかったんですが、ミクロなものを見ていると、宇宙に直接接続して、マクロなものとミクロのものが繋がり合っている感じがします。反対に天体望遠鏡で星を見ていると、だんだん茎の中の葉緑体を見ているような気持ちになります。その感覚が論理や感情よりも優先されるといえば妙な表現になりますけれど、ものすごく小さいものと大きいものが、ほとんど等価のようにしてフラットに見えることにこそ、私自身の生きることの本意が在る……。いや、等価なものがただ存在して通り過ぎ、またどんどん変わり、消えてゆく様を見ていると、自分の感情が疑わしくなってきます。

福岡　それは、まさに子供の心ですね。私も同じ感覚です。顕微鏡と望遠鏡はほぼ同時期に作られました。十七世紀、ガリレオは望遠鏡で天体を観察し、レーウェンフックは顕微鏡でミクロな世界を観察しました。マクロな宇宙にミクロな世界があり、逆もしかり。両方が同時に発見されて、二人はその美しさに魅せられたわけです。

そのことに気づいたときに、私も思ったんです。この世界の成り立ちがどうなっているかを知ろうとする時、結局は「これは美しいなあ」という感覚、美醜の判断が私たちを支える根幹ではないかと。善悪や真偽ではなく、美しいものはなぜ美しいかと考える延長線上に、真なるものと偽なるもの、善なるものと悪いもの、真偽、善悪にまつわる感情が作り出されてくる。美醜の感覚は絶対的なものではありませんが、人には決定的に美しいものを美しいと思うある瞬間があり、その体験からあまり離れられないものだと思います。私だって、子供の頃に昆虫の美しさに触れて、これが世界の成り立ちだと思ったところから、変わっていないんです。

朝吹　子供は美醜や面白さについて、正直というか、感情のレベルでいうと残酷にジャッジします。『動的平衡』に、「ランダムなものの中からパターンを見出す作用は、実はそのほとんどが空目」とありますが、子供はまだパターン化されていない視線を持っており、本当の意味での「直感」があるということですか？

福岡　はい。そう思います。丁寧に読んでくださいました（笑）。

朝吹　逆に、パターン化された上で選ばれている「直感」には疑いを持つということですね。私は現代美術をみることがとても好きなんですけれども、かつてはパフォーマンス・グループ「ダムタイプ」の舞台音楽を担当していた池田亮司さんという国際的に著名なアーティストがいて、今は数学者と一緒にインスタレーションや音楽を作っています。池田さんは、数学の圧倒的な崇高さに魅せられていて、たとえば音楽だと、可聴領域に関心を寄せています。認識できない音はわからないから、その限界ぎりぎりのところに触れようとする形で音楽を作っているような気がしました。美しさと崇高さは全然違いますよね。

たとえば、量子力学で扱う領域は普段の人間の認識を完全に超えています。人間の臨界ぎりぎりのものに触れている領域を崇高だと感じるのではないでしょうか。美醜の概念とは全然違うのですが、一体これはなんなのか？

福岡　崇高さに惹（ひ）かれるのは、やはり、ある秩序への愛でしょう。この世界の隠された秩序を私だけは見える、と気づいた時、あるいはある種の符合を悟った時、崇高さを感じる瞬間があり得ます。が、それは本来、設計者がいなくて発生だけがある世界の中にいるにもかかわらず、ある幾何学的な図形を一瞬でもいいから見たいという欲求です。科学もまた崇高な図式を求めているし、人間の営みはみんなそういうものだとも思う。ピタゴラス的世界観ですね。ただ、絶え間なく動いているものを一瞬止めることで、その秩序が見える瞬間はあると思うけれど、レースのカーテンが二枚、風に揺れている時、一瞬だけきれいなモアレパターンに見える瞬間を真実だと思ってしまうことにもなりかねません。

数学は完結した美を求めるものです。ただ、数学は自然でなく、人間が頭の中に作り出しているマシンワールドでもある。惹かれていく気持ちはわかりますが、私は、世界はもっとウエットでいびつなものだと思う。

朝吹　自然科学で使う数学や数式は、理（ことわり）を知るための道具ですよね。私自身は、道具としての数学しか知らなかったのです。でも、数学だけの世界になると、ほとんど虚妄や狂気に近いものです。この世の論理とは全然違う理があるという仮定のもと、人間が小さい光でたくさん照らしながら数式を作っていく作業だと思いますが、数学を

作り出してしまう人間という存在こそが面白いです。

福岡　本来の数学とは、自然をシミュレートするものでした。例えば、渦巻き紋様。ある線分を与えつつ、回転していきます。単に回転するだけでは円になってしまうのですが、回転の方向を一定の角度分ズラす感じで回転させたらどうなるか。この角度を一定に保つことでどんどん伸びて軌跡を描いた渦巻き紋様ができる。これを等角運動という数学的な記述で表せるんです。でも、どんな貝も決して等角運動の式にぴったり合ってはいません。自然は、数学が記述する近似からいつも少しずつずれています。

ハチの巣だってよく見れば、本当に正六角形だけで成り立っているものは一個もありません。少しずついびつで、端の方に行くと小さく潰れており、最後は疲れてやめたという感じになっています。そういう風に、数学は自然のあるパターンを近似的に記述することはできますが、逆から考えれば、自然は、数学的なアルゴリズムを使ってパターンを構築しているわけではないということです。数学から自然は創れないのです。聞けば当たり前のことなのですが、人間はどうしても自然を数学で記述できると思いがちです。

朝吹　危ないですね。

福岡　フラクタル図形が流行(はや)ったこともありました。やってみると、木の葉や海岸線や山並みが模倣できるように思えて、確かに面白いです。ただ、それが世界の成り立ちの原理だと思ってしまうのは、そう、危険です。あえてその人工的な世界に閉じこもっているものが数学になってしまうこともある。

朝吹　それでも、数学的に認識したい、という人間の心が面白いというか……愛(いと)おしいです。

福岡　その感覚はよくわかります。本当は太刀打ちできなくとも、何とか世界を記述し、書き留めて、法則性を発見したいと思うことが、人間の存在のあり方です。限界を自覚しながら、この世界をメカニズムとして捉えることこそが大事だと思うのですが、近代科学は自然がメカニズムで成り立っていると思い過ぎてきた。方向が逆になってしまったんです。

朝吹　メカニズムにこそ真実の自然があると勘違いしてしまったということですね。

福岡　だから、メカニズムさえコントロールできれば、世界のすべてがコントロールできるという錯覚の果てに今の文明の問題があるのだと思います。でも、それはまったく違う。文明というのは、人間が自分の外部に作り出した秩序で、機械的な世界観です。人間を豊かにし、便利にし、雇用やお金を生み出すものだったはずなんですが、

自然はそんなものではない。よく震災の後の一連の後始末について聞かれることが多いのですが、機械的な世界観の行き着く先を今、見せられている気がしています。ただし、それは世界を秩序として捉えたいという脳の癖、希望でもあるんです。

真の生命的なあり方へ

朝吹　私自身、自然科学に惹かれると同時に、人間界と全く違う摂理で動いている美しくもあり危険でもあるものにも憧れ(あこが)てしまいます。結局、人間はまったく秩序がない存在だということを認識しないで善悪を論じてもしょうがない。この世の理を明らかにしたいとか、見たことさえないものを作ってみたいという欲望がなければ、科学にしても何にしても生まれない。その欲望は否定できません。でも、その欲望によって生まれたものに、いろんな人たちが触れた場合に社会がどうなるかを考えるのは、どちらかといえば文学の想像力です。ですから、文学の想像力と科学の想像力が両方ないといけないと思います。

福岡　放っておくと、科学の想像力はすぐに肥大してしまう。すべてがメカニズムとしてある種の因果律でコントロールできると考えたら、何でもできることになってしまいます。リチャード・ドーキンスという有名な進化論者がいて、神など存在しないということを一生懸命言っている人ですけれど、なぜ、人間はずっと「神」を求めてきたか、その生物学的な理由については説明してくれません。従来の進化論だけで、生命現象の歴史を解き明かすことはできないでしょう。生命の可変性についても旧来の教条的な思考からすこしずつ脱して、古い遺伝学の枠組みの外側を考えようという動きが出始めています。いうなれば、硬いメカニズム指向の思考から、もっと柔らかい文学的な想像力が求められているわけです。

また、進化して、個体としても成熟すればいいというものでもないのです。人間にしても、よく、大人になれと言われますけれど、子供の期間が長いということはすごく大事なことです。朝吹さんの小説にも出てきた「ウーパールーパー」はいわばカエルになりきれなかったカエルです。両生類であるカエルは、魚に近いオタマジャクシの段階から、鰓呼吸だったのが肺呼吸に切り変わり、手足が生えて尻尾が短くなり、結果、進化の一段階として初めて上陸できた生物です。ところが、ウーパールーパーは、なぜかわからないけれども、大人になることを拒否し、いつまでも水の中でユラユラしていたかった。だから鰓呼吸のままで、顔もいつも微笑しているみたいです。いつまでも子供の姿のまま性的には成熟した、ネオテニーと呼ばれる現象の最たる例

です。ところが、ウーパールーパーにはすごい有利さがあり、ずっと子供の可塑性や柔軟性を持っているので、身体のどんな部分が損傷を受けてもすぐ治ってしまいます。脳が取られても戻ります。

朝吹　脳まで！

福岡　全体を取られたら駄目でしょうが、脳の一部なら再生できます。脳がつくりかえられたら、そのウーパールーパーは誰になるのでしょう。でもおそらく自分は自分。つまり身体は必ずしも脳が支配しているわけじゃない。むしろ逆で、身体は基本的に自律的で、身体があるから脳があり、身体に応じて脳も再編される。

人間も、サルより成熟年齢が高い、子供時代が長くなった生物です。親にとっても手間がかかるし、外敵にも襲われやすいですが、子供時代というとてもすばらしいプレゼントを贈られている。いつまでも遊びながら好奇心に満ちた探索行動を続けられるし、性的に成熟することが遅いせいで、雌を巡る雄の争いとか、縄張り争いなどが起こるのが遅くなります。闘争せずにいられる時間が長ければ長いほどさまざまなことが学べて、技術も習熟できる。楽しい子供時代が長いこと、つまりネオテニーこそがヒトをヒトたらしめたという考え方があるんです。子供が見ている世界こそ本当の世界で、大人がファンタジーを子供騙しとか絵空事とか言いますが、騙されているの

は子供ではなく大人です。

朝吹　騙されているのは大人……。

福岡　先日、ロシアに行ってきました。ノボシビルスクというシベリアのど真ん中で、野生のキツネを家畜化する研究をしている人たちがいるんです。野生のキツネは檻に入れて飼っても、人間を見たら飛びかかってくるか吠えるか、恐れて後退するかで、全然人間に慣れません。ところが、何万匹もキツネを観察していると、人を恐れない個体がたまにいるんです。それを掛け合わせていくと、生まれつき人間を恐れない、むしろ好奇心を持って近づいてくるようなキツネがだんだん出てきたんです。

ところが、そのキツネには別の特徴が現れます。子犬みたいになり、形態も尻尾がくるっと巻いて、耳が垂れて、ぶちが出ます。イノシシなど、ウリ坊のような文様が子供の頃にあって、でも大人になると黒ずんでくるという変化がありますよね。キツネを家畜化していく過程でも幼体の形質が残るという変化が出てきたのです。

つまり、家畜化しやすいキツネを作ることは牙を抜いて人間に従順にすることではなく、子供っぽい性質を長く持つ個体を選ぶことだったわけです。子供期間は習熟期間の長さに等しいから、知性につながります。そのキツネは抱っこもできて、手を入れると甘嚙みしてくる。野生のキツネだと、指を食いちぎられてしまうでしょう。好

奇心満々で、撫でるとひっくり返ってお腹を見せてしまうぐらいです。これは、訓練によって人間がキツネを飼いならした結果ではなく、ネオテニー＝知性的な個体を選択した結果だったのです。

そう考えると、人間が文化を育んできた歴史は、他者に対して自らを家畜化した歴史でもあるんです。恐れる、逃げるのではなく、まず、接近してみることを選ぶという子供っぽい行為が、文化を生んだと考えられる。戦うことより遊ぶことを考える方が、知性的だといえるのです。

朝吹 そういえば、科学者でも芸術家でも、ものすごく面白いことをしている人って、みんなウーパールーパー的だといいますね（笑）。どうも、幼形成熟の人が多いです。

福岡 人間の大人は、あんまり威張っちゃいけませんよ（笑）。

朝吹 そうですね。そういえばハカセもウーパールーパーですね（笑）。

福岡 名前自体も食品会社のCMで八〇年代に流行ったときに広告代理店に勝手につけられた名前なんです。ほんとうは「アホロートル」というかわいそうな名前です（笑）。

朝吹 小説を書くときに調べたら、ホルモン注射によって無理矢理大人にされたウーパールーパーは残念な姿かたちでした。

福岡　最近は建築の方でも、よく「生命的」なものが求められているといいます。「伊勢神宮は生命的ではないですか？」とある建築家に聞かれましたが、私に言わせれば違います。ただ、二十年ごとに全取っ換えして、別物を更新しているだけです。生命現象の場合、分解と合成が起きている次元は細胞よりも下位の次元で、ふつうは見えません。でも細胞はその内外で常に流れ、更新されている。だから全取り換えはもちろん、カプセルやユニットのレベルでもなく、もっと下位の粒のレベルで、絶え間なく、かつ、ちょっとずつ更新しているというのが、ほんとうの生命的な動的平衡です。

朝吹　伊勢神宮は、数学的な概念の上に立つものということですね。やはり、ウーパールーパーの脳の再生のようなあり方でなければいけません（笑）。

変な話かもしれませんが、小説をもっと、生命体のように増殖するように書いてみたいんです。一文字が他の文字と呼応して、粘菌のようにばっと広がるようなものこそ、人間が本当に想像している生ものと近いんじゃないでしょうか。

福岡　今の文学の決まりごとをひとつひとつ壊していかないとダメでしょうね。たとえば会話の括弧ってあるでしょう。だれだれは「○○」と言った、というような。あの括弧を使うスタイル以外に、会話を表現する手段はないでしょうか？

朝吹　一番読み手に伝わりやすいからと便宜上選ばれているけれど、別にもっとより面白い、ことばに即した方法があればそれでいいはず。

福岡　どっちが何を言っているかわからなかったり、どこから会話かがわからなかったりするからああやって書いていますよね。でももしも文学が生命体だとしたら、無理矢理に分断線を入れる行為だと思います。

朝吹　フェルメール的ではない書き方ですね。

福岡　人工的で「これは小説です」というスタイルです。それはそれで全否定するわけでは決してないのだけれど、もっと自由な表現があってもいいと思います。だからぜひ、朝吹さん、生み出してみてください。新しい文学のかたちを。

Ⅳ

養老孟司(たけし)さんと

見えるもの、見えないもの

「虫屋」のあこがれ

福岡　ついに「養老昆虫館」にお邪魔することができて嬉しいです。箱根は都心よりも少し寒いですね。

養老　この寒さが虫の保存にはいいんですよ。

福岡　これだけ昆虫の標本がおける環境はそうないですよね。虫屋のあこがれじゃないですか？

養老　夢でしたから。昆虫の標本は、本人が死ぬと貴重なものでも散逸することが多い。家族にとっては単に気持ち悪いものでしかない場合が多いから。でも、これだけ建てておけば、ぼくが死んでも捨てられないでしょう。

福岡　先手を打ちましたね（笑）。

養老　福岡さんは、蝶を採っていた？

福岡　そうなんです。でも、少年時代に採っていただけなので、現役ではないんです。これは電子顕微鏡ですか？

養老　そうです。パソコンにつないで画面で見られます。操作も画面上でできるから、とても楽です。まず、立ち上げて……と。電子顕微鏡は「真空排気」をするのに時間がかかります。

福岡　昔は、一部屋もありそうな大型の装置でもっと時間がかかっていましたよね。

養老　その頃を思えば、今は天国ですよ。

福岡　電顕屋さんはみな、一日中、防空壕みたいな地下の暗い部屋に籠ってやっていたわけですよね。

養老　必ず地下室なんです。それが今じゃ自分の家でやっている。

福岡　ありえないですよね。ありえない（笑）。

養老　そうそう。雲泥の差。ありえない。

福岡　パーソナルユースもあまり聞きません。個人で持っていらっしゃる方はほかにいますか？

養老　ほとんどいないかな。虫仲間が使わせてくれってよく来ます。

福岡　これは何倍くらいまで見られるんですか？

養老　公称一万倍ですが、千倍以上で見たかったら、やっぱり大きい設備のあるところに持っていかないと。

福岡　そんなに大きな倍率はいらない気もしますね。

養老　種や属の分類をするんだったら、そこまで拡大すると細胞レベルになるから、逆にわからなくなってしまう。

福岡　分けて、分けて、さらに分けていくとかえってわからなくなる。

養老　虫っていうのは、程よい中間サイズで見なくちゃいけないから。

福岡　分子生物学の専門家の僕らが見ても、細胞だけ見せられたらそれがヒトの細胞かサルの細胞かネズミの細胞かすぐには言えません。名前が書いてあるわけじゃないですし。

養老　ぼくがいつも採っているゾウムシをお見せしましょうか。まあ、ゆっくりしていってください。あ、椅子（いす）そこね。

福岡　恐縮です。あ、電子顕微鏡が立ち上がりましたね（画面を見ながら）。倍率が高いと、やはり視野が狭くなりますね。

養老　はい、これで画像の大きさを調節します。輝度もフォーカスもオートでできますよ。サービスしてもうちょっと大きくしましょうか、ほら！

福岡　かなりきれいに見えるなあ。

養老　ひとつひとつの鱗片（りんぺん）の構造まで見えますからね。

福岡　私も買おうかな（笑）。

養老　日立の担当のひとを紹介しましょうか（笑）。これのいいところは、実物を肉眼で見てはっきりしないものが明瞭に見えるところです。何ごとも自信を持って断言できるようになります。

福岡　ソフトウェアもどんどん進化していますね。

虫で世界を考える

養老　虫から世界を見ると本当におもしろい。

福岡　虫の分布の境界は、地図上の境界と一致しない場合が多いですよね。

養老　虫の境界線は、過去にそこでなにかが起こっていたに違いないことを示しています。そのできごとが、採れる虫の種でわかる場合があるんです。たとえば、過去のある時期に九州・四国地方は、東シナ海が干上がって中国大陸とつながっていた。そのとき山口県の一部も中国大陸と陸続きでしたが、中国地方のほとんどは水没していました。広島県の西中国山地あたりまでが九州になっていた。だから、虫の分布で見ると関門海峡なんて境界にならないわけです。伯耆大山（鳥取県）をのぞく琵琶湖まではでは、その時よりあとに、海から持ち上がってできた土地です。だから虫が少ない。

その水没していた時期に大山だけは沈んでいなかった。だから虫の種類が多い。

福岡　沈んでいなかったということは、伯耆大山は島だったんですね。

養老　そうです。水没していた時期が虫の分布にいちばん影響しているわけです。だから虫が少ない。紀伊半島はまったくの島で、関東はかなり水没していた。東北はばらばらだね。

福岡　なるほど。虫の種類の多寡にも影響しているのか。おもしろいですね。

養老　地質学の結果と、虫の分布が相関しているんです。虫の種類や形態からわかることですが、虫が地質学にサジェスチョンを与えられるわけです。

福岡　昆虫学が歴史学になるんですね。

養老　ぼくはよくラオスに行くのですが、ラオスもゾウムシで三分割できます。ほとんど同じような種類が同じ生活をしているのに、地域が違うと種が違う。

福岡　その種の分類では、形態の特徴が明白にあるんですか？

養老　ゾウムシの場合は、交尾器ではっきりわかる。

福岡　生殖器で分類するということですね。

養老　そう。空気で膨らませて、分類のために形をはっきりさせるやり方もありますよ。

福岡　そんなことまでやっているんですか。交尾器にはどんな特徴が？

養老　たとえば三本刺（とげ）があるものと、三本の真ん中が短くなったのと、まったく刺がないのと三種類。このゾウムシっていうのは、実物はまったく地味な虫でね。

福岡　いやあ、ゾウムシも魅力的です。でも、これだけ標本を作るとなると、ラベルが多すぎて混乱することはありませんか？

養老　混乱ばっかりですよ（笑）。地味な虫だから、老眼のせいもあってみんな同じに見える。そこで、たいしたゾウムシじゃないから「こんなのもう要らないよ」と言って一匹しか持って帰らないと、新種でサンプルがもっと必要だった、なんていう痛い目にあう。何ごとも甘く見ちゃいけない。

福岡　虫は少しの距離で種類が変わりますよね。

養老　一〇キロ、二〇キロを移動しながら採集しますが、虫はそのくらい距離が離れると種類が違っちゃいます。E・O・ウィルソン（アメリカの昆虫学者、社会生物学や生物多様性の研究者。アリの権威でもある）は、アマゾンのアリの場合は四キロで変わるといっています。

福岡　先生の標本には、普通の少年が喜びそうなものはないですね。クワガタとかカブトムシとか。

養老　持っていると、知り合いが「要らないでしょ?」って持っていっちゃうから(笑)。まあ勝手に持っていけばいいんだけどね。

福岡　標本自体には執着がないんですか。虫屋さんとしては、ちょっと変わっていますね。

養老　例外でしょうね。ぼくは、採るのが好きで、標本を作るのが好き。それから調べるのも好きですね。要するに、採って眺めるっていう趣味はない。ただ眺めるより研究になってしまう。それにね、きれいなのは飽きちゃう。見ていて「あ、これ違う」っていう変なのが好きです。

偶然の結論

福岡　好きなことをやるのがいちばんすてきな人生ですよね。養老先生の研究のゴールは、虫の分布から地質や環境の変遷を明らかにしていくことですか?

養老　いや、そんなつもりはないんです。

福岡　それではどこにゴールをおかれているんでしょう?

養老　偶然の結論でしかない。相手のある話だからどこに連れて行かれるかわからないでしょ？

福岡　「どこに連れて行かれるか」ですか。なるほど。

養老　ぼくにとっての虫採りのおもしろさはそこですね。今一生懸命標本にしながら分類していますが、結局のところ、分類は定義にすぎない。だから、もっとテクニックが進んでくれば、いろいろな分け方ができるようになる。それはつまり見方の問題です。定義はあってないようなものです。

福岡　確かにその通り、人間の見方次第ですね。なにしろ、形態学的な分け方とDNAレベルの分類というのは、必ずしも対応していない。

養老　DNAでわかるのは、時間的な系統関係です。いつ頃その種が分かれたかだけはよくわかる。DNAの違いだけを見ると、完全に塩基の配列、要するに数の話になってしまう。「これ、いくら？」っていうお金の話と同じです。

福岡　あとは、形の違いだけですね。DNAだけを見ても、ゾウムシのDNAなのかヒトのDNAなのかは、専門家の私たちにもわかりません。外側に表れている質や形で分類していくことで、「これはヒトですね」といった比較ができるんです。分類の手段のひとつになる「生殖可能性」（生殖可能な相手を同じ種とする生物学上の区分）も、標本になってしまうと調べようがないですし。

養老　交配実験まではできないですからね。生殖器の形態の違いがあるから「生殖隔離」（ふたつの生物個体の間で生殖を行えない状況）が起こっているという論理になる。野外で違う種と間違ってつながっているものもあるくらいです。

福岡　それで本当に受精して卵が発生しているかどうかなんて追えないですからね。稀に別種でも交配しちゃうことだってある。ますます「生殖可能性」では判断できない。

養老　雑種第二世代なんて、ますます追うのは無理。雑種第二世代まで飼って調べたやつはまずいない（笑）。

福岡　交雑種が二代、三代となると、種として安定していくかもしれませんし。その辺になると、「分ける」ということの意義がわからなくなってきます。

養老　日本の虫の種が細かく「分かれる」のは、地形的な特徴からですね。こういうのは山の上にいるとか、川のそばにいたとか、地形が豊かで変化に富んでいるからこそ、それぞれが孤立していってしまう。分かれるやつでは、境はどうなっているのかという話になる。

福岡　それは動的なものですか？

養老　動的なものらしいです。今は、カミキリムシが比較的詳しく調べられていて、

コブヤハズカミキリという飛べないグループがいますが、二種の境界が一年に四〇〇メートル西へ移動しているとわかっています。

福岡　それじゃあ境界があってないようなものですね。分類のしようもない。

擬態ってなんのため？

養老　生物多様性を一言で言うと何か、とよく聞かれるんです。でも、生物は広告のコピーみたいに一言じゃ済まないからね。

福岡　だからこそ多様性がある。

養老　テレビコマーシャルで、「違いがわかる男」というのがあるでしょう。あれはインスタントコーヒーの宣伝だから、だれがどこでお湯を入れたって同じ味のコーヒーができるはず。それがなんで違いがわかるのかっていう、その矛盾がおもしろい。矛盾を矛盾のまま見ておかないとつまらない。

福岡　先ほどゾウムシを見せてくださっているときに、ほとんどおなじ模様なのに本物とそうじゃないのがありました。一見すると擬態ですね。

養老　擬態です。

福岡　先生は、擬態という考え方をどう思われますか？　なんとなく私は「偽物（にせもの）くさい」と思うことがあるんですが（笑）。

養老　擬態でまとめられているものの中には、いろんなものが含まれていると思います。たまたま似ているように見えるものもありますね。さらに一部の擬態は、たまたま似ているだけじゃないということは、虫を採っている人はみんな知っている。なぜかというと似すぎているから。

福岡　そうですね。

養老　たまたま似ているんだったら、こんなに似る必要がない。

福岡　似なくていいところまでそっくり。

養老　ほぼ完全にそっくり。しかも、そうとうに無理してそっくりにしている。

福岡　「無理して」というのはどういうところで？

養老　オーストラリアを例にあげましょう。あそこの生物学者がいちばん重要視するのは、環境です。乾燥した大陸で、旱魃（かんばつ）や山火事がしょっちゅうあるから、極端な環境変化と「狭い」生命環境が、地質時代以来安定してあった。環境が「狭い」、つまり単純なんです。だから結果が極端に出ます。そういう環境だと、生物が棲（す）める範囲が限定され、お互いにその範囲内でひしめきあって暮らしている。そうなるとおもし

ろいことに擬態が強くなるんです。

　メルボルン近郊の森に入ったときに石をいくつもひっくり返したら、どれもアリが棲んでいた。おそらくあの森すべての石の下がそうでしょう。徹底的にアリの巣なんです。で、なんとそこにアリにそっくりのカミキリムシがいた。もう、そっくり。

福岡　アリとカミキリムシがそっくり。

養老　そう。ブルアント（人食いアリの異名を持つ、世界最大級のアリ）というアリにそっくり。ブルアントはクワガタみたいな強い白っぽい顎を持つから、カミキリムシのほうも真似したわけですが、元々はカミキリなので頭が下を向くので、顎が上からは見えない。だから、上から見える触角の第一節をわざわざ白くしているんです。

福岡　それが「無理してる」ところですね。

養老　おまけにそれだけじゃない。昆虫は、ご存知のように胸と腹と節がきれいに分かれているけれど、アリとカミキリムシでは、プロポーションが違う。そこでアリになりたいカミキリがどうするかというと、鞘翅（硬く厚い前翅）のところをくびれさせて、アリそっくりの形に変えているんです。

福岡　そこまでして似せているやつがいるんですか。

養老　それから、ごく普通のカミキリムシでも「おや？　これはブルアントに似ているぞ」と思って注意していたら、アリにそっくりな歩き方をしてた。

福岡　歩き方まで？

養老　そう。いちおう似せているんだけど、まだ完璧（かんぺき）ではない（笑）。最初にオーストラリアに行ったときは、びっくりしました。いくら日本と環境が違うからといっても、なんでアリとカミキリがこんなに一緒なのって。

福岡　アリとカミキリ（笑）。

養老　カミキリムシはほかにも似ているのが多くて、カミキリムシにそっくりなアリなのか、カミキリムシがアリにそっくりになろうとしているのか、わからない。ゾウムシにそっくりなカミキリムシもいるし、トラカミキリっていうのはハチの真似をしてます。ゾウムシの間でもよくあります。フィリピンには、黒地にブルーの模様が入ったカタゾウムシというのがたくさんいます。ほかのゾウムシがその模様になっていたり、ゾウムシでない、ハムシまで同じ模様をしたり、それは擬態かどうかわからない。

福岡　そういうのはいくらでもいますよね。コノハチョウとかイシガケチョウとか、木の葉や石垣にあまりにも似ている。葉っぱそっくりのコノハムシなんて、草間彌生（やよい）もびっくりの造作です。

養老　ひどいのは、虫食い跡までつけていやがるからなあ。

福岡　しかも、虫食い跡が個体によって違う。

養老　やりすぎだよ、あれは（笑）。サビカミキリとか、名前のとおり錆び色で、地味なんだよね。

福岡　侘び寂びのサビですね（笑）。

養老　サビカミキリがいるなら、なんでワビカミキリがいないんだよ（笑）。

福岡　まったくです（笑）。擬態に関しては、似せることによって生存上有利になるという説明がありますよね。もちろんそういうことがあるのかもしれないけれど、似せている理由がそう簡単にわからないことが多い。例えば、オオカバマダラという鮮やかな色をした毒蝶がいます。鳥は一度毒を食らうと食べなくなるから、毒を持っていない蝶が毒を持っている蝶に似せて食べられないようにする――これが擬態の多くの説明ですが、実はそれでは説明できないことのほうが多いんですよね。

養老　そうです。たとえば、虫の模様を見ればどこの地域の虫かわかること。

福岡　モードが同じですもんね。

養老　南米のやつは「なんかこれは南米だよ」ってわかる。

福岡　確かに蝶でもなんでも、色や模様でなんとなくわかりますよね。

養老　自然はある種の色彩の様式を持っています。人間の文化がそれに影響を受けていて、「南米の虫はインカ模様だ」というけれど、「インカ模様の虫がいたからインカ模様ができた」というのが本当でしょう。

福岡　なんといえばいいのか、風土が「モード」を規定しているということですね。なにかに有利だからそうなっているのではなくて、やはり場所ごとの「流行り廃り」というのがある。文様や色を作り出す原理に作用するなにかが風土の方にあると考えたほうがいい。

鳥の目、トカゲの目

養老　問題になるのは、捕食者である鳥やトカゲが虫をどう見ているかでしょう。人間が見ているように擬態を見て、「似ている」と思っているかはわからない。

福岡　鳥の目、トカゲの目は人間の目と違う。

養老　トカゲの目は四原色（ヒトが識別できる色の波長は限定されている上に、三原色しか捉えられない）ですから、人間と見え方がまったく違うんです。四原色で見たら、いったいどう見えるのか。

福岡　人間が見ると「似ている」ように見えるというだけの話ですもんね。

養老　おまけに虫どうしだってまったく違う目で見ているんです。多くの昆虫の目は横向きについている。人間のように真っ正面についているわけではない。

福岡　お互いに側面しか視界に入らない。上から見た模様なんて関係ないわけです。人間と同じ目線で背中の模様を見ているわけじゃないってことですね。

養老　そうそう。だから、カミキリムシはアリと同じ格好してどうしようというのか。擬態に関しては、そういう横向きの考察が抜けていると思うんです。全部人間が上から見たものでしかない。

福岡　人間が、人間目線で見て「似てる似てない」「似ているのはこれこれこういう理由です」と話を作っているともいえます。

養老　「似ている」ということ自体、計量化できませんからね。

福岡　でも、人間が見れば確かにまごうかたなく「似ている」。そこが変なところなんですよね。オーストラリアのアリに似せているカミキリムシですが、それにはなにか説明があるんですかね。

養老　どうなんでしょう。もっとひどいのがいて、同じオーストラリアでブリスベンの博物館に行ったときに、アリの専門家がフィジー諸島で採ったアリの標本を見せてくれたんです。なんとその中にカミキリムシが紛れ込んでいた。プロがアリだと思い込んで採ってきていた（笑）。

福岡　アリがそのカミキリをアリだと見間違えているかどうかはわかりませんよね。

養老　そう思うでしょう？　ところがどっこい、アリの巣にゴミムシが入っていたことがあるんです。それがアリと似ても似つかない。

福岡　ゴミムシがアリの巣でアリのふりをしていたんですか？　かたちも似ていないのに？

養老　そう。アリの巣を壊してみたらゴミムシが何匹か入っていて、ぜんぶ兵隊アリに食いつかれていた。ぼくが壊したときに巣の中がパニック状態になって、そのとたんに異質な行動が目立ってしまい、アリじゃないことがバレた。形態が似ていなくてもアリのふりはできるのだけれど、状況が変わっちゃって行動様式が違う局面になり、バレたんでしょう。パニック状態になると、異質なものが狙（ねら）われてしまう。巣が壊された原因だとして攻撃された。

電子顕微鏡を使い始めてわかったことがあるんです。昆虫は音でコミュニケーションしているんじゃないかということです。関節にギザギザの歯車のようなものが細かくついているから、音を出しているのではないかと思います。今まで重視されていませんでしたが、音のコミュニケーションは非常に重要ではないかと思う。巣の中って真っ暗だから形態はお互いに見えないですよね。

福岡　アリ語を話すということですか。

養老　音以外は有効じゃないんです。匂(にお)いはだめですよ。アリのフェロモンで有名なのは女王が出すもので、それが巣の中にすでに充満しているはずです。普通のコミュニケーションを取るなら、絶対に音の方がいい。

福岡　そうか。そのゴミムシはアリの音を出してアリ語をしゃべっていたんだ。パニックになるとお前は違う言葉を話しているぞ、とバレた。

養老　クロシジミの幼虫みたいに、ときどきアリに連れて来られるやつがいるんです。だけど、連れて来られてもアリと一緒に育つ。そういうのはアリ語をたまたましゃべっているんじゃないか。

福岡　拉致(らち)されて、いつのまにか「こいつ、しゃべれるじゃないか」と受け入れられている（笑）。形態をヒトの目で見て「似てる」「似てない」と判断し、進化的に「有利、不利」という点で説明ができるとされていることが多いんですが、そこには作り話が混じっているような気がしますね。先生がおっしゃるように、昆虫どうしは人間の視線のように真上からではなく、横からしかお互いに見えていない。暗い巣の中ではそもそも形態や模様なんてわかりっこない。ある種のダーウィニズム的な説明だと「これはナントカに有利だからこうなった」ということになるけれど、虫を見ているとそれほどシンプルには納得できません。パーツに注目して「これは有利だから」と考えるのは、非常に悪しきダーウィニズムですよね。その部分だけを見て、だからその種が選択されたと説明するのは単純すぎる気がする。「種の多様性」だって、ダーウィニズム的原理が隅々まで行き渡っていたら、それこそこんなに豊かな多様性に地球が満ちあふれているわけがない。もっと同じ様式に集約されていくはずです。

養老　自然選択するなら、なんで人間だけにならないのかと思うよね。

福岡　こんなものが進化するわけないだろう、こんな擬態じゃあっという間に見つかっちゃうよ、というのもいますしね。そもそも、人間はかたちというものにとらわれるけれど、虫たちにはもっと別の判断基準が大事なのかもしれない。

養老　人間は視覚に非常に頼っていますからね。

福岡　同じカミキリムシで、侘び寂びのサビカミキリと鮮やかな青のルリボシカミキリという美しいのがいる。でも、カミキリの間ではこの鮮やかな青なんて関係ないんですよ、たぶん。見えないんだから。サビカミキリだって、ルリボシカミキリに引け目を感じたりしていないはずです。

養老　(笑)。

福岡　人間がきれいだなって言っているだけ。実際に青に反応する目のスペクトルは人間固有のものだから、虫たちが持っている視覚と違います。本当はサビカミキリのほうが〝すっごいおしゃれ〟ってことになっていて、ルリボシカミキリがうらやましがって引け目を感じているかもしれない。

人間の美醜なんていうのもくだらないもんですよ。見方次第だと考えれば、その辺は謙虚になれます(笑)。昆虫から見たら、みんな同じに見えると思う。昆虫の視点で分類したら、黒人か白人か黄色人種かなんて見分けられない。だって、色が見えないんだから。それこそ、生殖器に空気を入れて、膨らませてみないと分類できないかも(笑)。

「かたち」を読む

福岡　自分たちの視覚が万物に通じるように人間が感じるのは、人間の脳がパターン認識をするようにできているからでしょう。模様が似ているといっても人間が見て似ていると感じるだけで、そんなのは虫からしたらわからない。

養老 人間同士の間でもわからないでしょう。石原式の色覚検査表を見たときに、健常者と色覚異常の人では、お互いに読める数字が違ったりするんだから。健常者からしたら、石原さんのような専門家はともかく、色覚異常の人にはどういう風に見えるかは絶対にわからない。

福岡 私が見ている鮮やかな赤を、同じ気持ちで見ているかどうかはわからない。これは「交流問題」ですね。人間同士でもそうなのに、昆虫やトカゲや鳥が同じかどうかなんて、絶対に違いますね（笑）。

養老 学校というのは情報化したものを扱う場所になって、「情報処理作業」ばかりをさせています。昔の学校は作文を書かせて「情報化作業」を教えていた。言葉になっていない状況を書かせることは、根本的な情報化作業ですが、今はその作文をあまりやらせないから、インターネットのつまみ食いになる。言葉になっていく状況を見ていないから、言葉というものは現実に付け加えるもので、言葉に事実が優先するという前提が崩れてきていますよね。

解剖学は、人体というよくわからないものを、区切って名前をつけて言語化する作業にすぎない。虫に関しても同じことをやっているんです。それが、解剖のような言

語化がある程度確立してしまうと、認識のひとつの基本になってしまって、それを運転させて済ませようという人が多くなる。もっぱら既成の言葉を使っているから、言葉を創(つく)り出す過程があることを忘れてしまう。目の前のものをきちんと見なくなる。

福岡　言葉はいったんできあがると、そこにいろいろなものを押し込めてそれで済ませちゃうところがありますね。

養老　「生物多様性」を唱える危険性はそこにあります。

福岡　そうですね。その一言にいろいろな状況が押し込められてしまう。

養老　うっかりすると、いろいろな状況がそれぞれにあるということが、きれいに抜けてしまう。それこそがいちばん怖い。

福岡　山科正平(やましなしょうへい)先生という細胞を見ている電子顕微鏡の権威の方がいらっしゃるんですが、彼は、核とかミトコンドリアとかゴルジ体とか名前のついているものは「ああ、これが核か」と記名されているからわかるけれど、実はそのほかに名もなき構造体が山ほど見えるといいます。それが何なのかはわからない。養老先生がおっしゃっているのは、解剖で実際に人体を目の前にすると、「これは何管で、これは何細胞だ」とわかるもの以外に、本当は言葉にひっかからない何かがそこにはいっぱいあるということですよね。

養老　生物学者の団まりなさんが、細胞の電子顕微鏡写真を出して、何もないところを指差して「ここに何がある？」と周りの人に聞いていました。そういうセンスがある人は少ない。電子顕微鏡画面に映っているもの全体が、ある意味で必要なものなんです。この話は「動的平衡」の話にもつながりますね。

福岡　そうですね。細胞の丸い形の中で名前がついているものは「これがナントカだ」と言えるのですが、それ以外は教科書的には空白になっている。でも実際はそんなもんじゃない。だから、何も知らない人が細胞を見たら、どこからどこまでがひとつの細胞かという区画もわからないだろうし、何が何を指すかは「これはこういう風に見えるもので、細胞核というんですよ」と教えてもらって初めてわかる。教えてもらわなかったら混沌としたまま。すべてに名前をつけようとするとタイムアウトで死んじゃうというほどの混沌です。

養老　何も知らない学生に「ナントカの細胞が見えるか」って聞くと「わかりません」と返事をされる。そこで、「これだよ」と教えると、学生は「ああ、見ようと思えばなんでも見えるんですね」と答えていました。これは、ある種の偏見を教えたわけです。「ああ、また偏見を教えてしまった」って。

福岡　そうですね（笑）。

養老　顕微鏡実習のクラスに天才的に変な学生がいて、その学生にいつもスケッチを書かせていたのですが、何を描いているのやらメチャクチャ。でも、こいつにはこう見えているんだなあって、まさにそう思うしかない。

福岡　彼にはそう見えているんですね。でも、ふつうは、教科書的な認識を前提に細胞を見ているだけ。誰にでもわかるような丸い細胞膜と層板状のゴルジ体だって、前提がなければメチャクチャなかたちにしか見えない。

科学哲学でいう「理論負荷性」ですね。たとえば、レントゲン写真を見て「これが肺ガンだ」とか「結核だ」とかいうのも、診断する医師が理論を負荷されているからこそガン組織が見えてしまうわけで、本当のところはわからない。

養老　だから虫の分布も奥が深いんです。

福岡　それはなにを見るかということが人によって違うからですね。だからこそゾウムシの生殖器の形態も三つに分類できるのかもしれない。その中でも実は中間的なものがあったり、どっちつかずのものがあったり、境界にあるなんだかわからないものが出てくる。それでも、人間は分けたいんでしょうね。それが「認識」というものの性質でしょうか。

養老　そうなってくるとおもしろいのがＪ・Ｍ・ダイヤモンドの鳥です。ニューギニアの極楽鳥に現地人がすべて名前を付けているんですが、その分類のしかたが後世の分類学者のものと一致した。

福岡　まったく同じなんですか？

養老　そう。ちゃんと分類上の種を現地の人が区別していた。だから、種はある意味で実在すると同時に、人間の認識とともにある。

福岡　現地の人の名付けと分類学上の分類に共通性があるんですね。

養老　人間の意識もそうなっているし、おそらく実在のほうもそうなっている。普通はそう考えないんですよ。特にヨーロッパ人はどっちかにしたがる。事実がこうだから認識を変えようとするか、認識がこうだから事実を変えようとするか。だけど、実は両者が同じように成り立たないといけないという気がします。認識と生理が一致するように見えてこなくちゃいけない。自然を見ていると、その双方の往復ですからね。しょっちゅう「こう考えていい？」とか「これとこれは違うんだよな」とか自然を相手に聞き、「違うよ」とか「いや、違わない！」と返事をしてもらったりする（笑）。絶えずそうやって往復する。その往復運動は自分のためです。「こういうことはやっぱり違うんだな」「こういうことは違わない」と煮詰めていって自分の認識を変える運動。

福岡　でも、そこに時間の関数が動いていますよね。
養老　そうです。典型的にそうです。
福岡　そのときはそう思っても、やっていくと変わっていく。人間の認識が変わるのかもしれないし、実在が変わることもあるでしょう。先ほどのお話のように四〇〇メートル西へ移動したら変わるし、移動しなくても一〇〇万年経てばそっちへいっちゃうかもしれないですよね。
養老　こういうことは、普通の人にはなかなか説明できないんですよ。テレビの「お宝拝見」と同じ。あの番組を見ていると、プロの目と素人の目がいかに違うかわかるでしょう。プロからすると偽物かどうか、どんな価値があるかはすぐにわかるのに、素人にはわからない。
福岡　それが人間の認識のありようですね。これも計量化することができない。人間が判断して「分ける」ことの起源はなんでしょう。ある程度は現実に即しているはずですよね。
養老　そうでしょうね。当然感覚に依存している。感覚力、かな、脳の感覚にひっかかる性質が、「分ける」ことに反映している。
福岡　昆虫写真家の海野和男さんの人面カメムシを見るときでも、その紋様が一定のパターンや人の顔に見えるのは、人間がそう思って見ているからですよね。

養老 若い頃に、電子顕微鏡で細胞をひたすら見た後で窓から外を見たら、雲がぜんぶ細胞に見えたことがありましたよ。

福岡 雲が細胞に（笑）。

養老 そういうことって誰でもあると思うんです。しかしそういうときに文字に見えることってないですよ。電子顕微鏡を生まれて初めてのぞいたときに、虫の背中に「バカ」とか書いてあったっていいわけでしょう。でも、そんなことはない。ただ、ブータンで聞いた話ですけど、ブータンのお坊さんが生まれ変わりのお坊さんを探すときは、木の葉の虫食いが文字に見えてくるんだそうです。それが手がかりとなる。それでハッと気づきました。「ああ、そうか。自分はそういうものが文字に見えないような教育を受けてきた」んだって。

福岡 というよりも、そのお坊さんが虫食い葉を文字に読めるような教育を受けてきたんですね。

養老 かなりのレベルの理論負荷性ですよ。人は文字を読めるから変わってきちゃうんだね。

福岡 負荷を受けないと、文字は見えない。

養老　虫食いが文字に見えるような人は、電子顕微鏡で細胞を見るような作業をしないんだよ。われわれが世界を見ているというときの「世界」なんてそんなもの。

福岡　虚心坦懐に見ることはできないんですかね。

養老　かつては見ることができたんでしょうね。人によっては今でも見えるのかもしれない。

形態と意識の関係

福岡　虫の話から、擬態について話が発展しました。どうしてそこまで似せなければならないのか、非常に不自然だというお話でした。ここからは、形態と意識の関係について考えたいと養老先生からご提案がありましたが。

養老　そうなんです。こういう話ができる人はなかなかいないんじゃないかと思って、珍しくまじめにいろいろと考えてきたというわけです。

形態というのは、止まって見えますよね。でも、実は止まっていない。止まった状況を見せられている、ともいえます。『形を読む――生物の形態をめぐって』（培風館）など自分の本でも生物の形態について書きましたが、生物の形態というのはまさに「動的平衡」なんです。そのものズバリのタイトルで本を出されましたよね。同じことをぼくとは違う表現でうまく書かれていると思いながら読みました。言葉としては、ぼくの若い頃に生化学の翻訳本が岩波書店から出ていて、初めてそこで目にした記憶がありますが、関係はあるのでしょうか。

福岡　その本は読んでいませんが、「動的平衡」という言葉そのものは、生化学から、というよりも代謝論から来ていると思います。経済にも「平衡動的論」という似たような言葉があるそうなんですが、まったく違うコンセプトのようですし、いちおう生化学の言葉と考えてよいと思います。

養老　ただ、福岡さんがおっしゃっている「動的平衡」は、もう少し広がりがある気がします。そもそも、形態が止まっていないという話でいえば、たとえば、皮膚の組織像は、いつも同じではありません。でも、同じ組織そのものではない。

福岡　下から上にあがっていきますよね。

養老　下からあがって上が落ちていくから、一定の位置で切ってみるといつも同じ顔、同じ状態をしている。これはグループサークルの椅子取りゲームと同じことで、順繰りに一、二の三のかけ声で隣の席に移っていくようなものです。外から第三者が見ていると、いつも同じ椅子があって誰かが座っている状態です。だから、常に要素が順繰りに回っている、ほとんど無限に近いたくさんの回路のカップリングで動いている状態こそが、皮膚の組織では「生きている」ということになる。

福岡　しばしば私たちが見ているものは、「時間よ、止まれ」と光線銃で時間を止めたものなんですね。動いているものを止めてから見ると、そこには秩序があるように見える。そういうことなんです。

皮膚組織は、ものすごい速度で下から上にあがって、上にあった皮膚組織は落ちていきます。特に小腸の上皮細胞なんてものすごいスピードで下から上にあがっていき、上にあった組織は落ちる。その断面を顕微鏡で見ると、いつも同じ姿にしか見えません。同じ姿の秩序が見えるんですが、それは微分的に見ているに過ぎない。

養老　そのことは意外に知らない人が多いでしょう。プロでも気づいていないことが多い気がします。

福岡　歴史的な経緯を知っている私以上の世代ですと、生化学者のシェーンハイマーがいて、代謝論があって、DNAの発見があってという流れがわかるし、リアルタイムに近いかたちで同時代的に体験してきているから学問の成り立ちがわかります。でも、今の若い人は、いきなり生化学をスタティックに断片的に学んでしまう。糖の構造とかアミノ酸の構造とか、すべて時間が止まった断面として見ています。Aという分子がBという分子に働きかけて、だから次に……とドミノ理論みたいな絵で生化学を理解しているんです。

でも、生化学はもっと絶え間のない動態のはずです。本当は、椅子取りゲームをしながら互いにフォークダンスを踊っているような感じで流れていくから、一瞬たりとも同じことは起こらないし、すべて前の出来事の再現のように見えるけれど実は一回きりのものです。そういうイメージがしばしば忘れ去られているのではないか。

止まっているもの

養老　動的な状況を忘れてしまう原因に、意識があると思うんです。人間の意識というのは、実は「止まっているもの」しか扱えない。話は飛ぶかもしれませんが、だからこそ今日の情報化社会を招いたんでしょう。情報は止まっているものの典型ですから。

福岡　おっしゃる通りです。情報は止まっていますよね。流れているように見えて、そうじゃない。

養老　情報自身が止まっていることをほとんどの人が意識していないんです。情報は新しい物でどんどん生まれてくるものだと思っている。確かにそうなんだけど、生まれたら最後、止まって動かないものになるはず。だって、止まって動いていないからニュースで「こうでした」といえるわけで、そこを忘れると話が違ってしまう。そういうものに慣れちゃった人に生物について考えさせるとんでもないことになります。農業を工業化せよという議論をよく聞くけれど、車やカメラを作るのとは訳が違いますからね。

福岡 車やカメラはメカニズムで作られますもんね。メカニズムは、各パーツが固有の機能を分担することで成り立ちます。機能とパーツの関係は、いちおう一対一で対応できるけれど、動的平衡の中では、互いに椅子を取り合って相手を律している状態ですから、この機能はこのパーツで、という一対一の関係には限定できません。それぞれの機能は全体につながっているものだということです。だから、農業のような生物相手の営みは決して工業化できない。それはある程度自明のことだったと思いますが、今やそうじゃないんですね。

養老 自明どころか、逆方向に向かっている気がします。日本社会がどこか硬直化してきているのはそのせいじゃないですか。根本には硬直化した情報化社会があって、物事をすべて情報にしてしまうから、自分までも情報化されてしまい、それこそが自分の個性だと思い込む。自分という概念が成り立つためには、「自分はこういう人です」と自分が同じで変わらない不変的なものだという前提が必要になる。

福岡　同一性ですね。

養老　その同一性はどこから生み出されるのか。客観的な根拠はまったくないですからね。代謝で考えたら、生まれたときにぼくの身体にあった分子で、いま残っているものはまったくない。たまたま残っている物はあるかもしれないけれど、それだってね。

福岡　自分が払った硬貨がぐるぐる回って、給料として戻ってくるぐらいの稀な例ですよね。

養老　でもほとんどの人が、直感的にはそう思っていないでしょう。

福岡　思っていないですね。

養老　そのトリックこそが意識なんですよ。意識が自分の過去を記憶によって取り戻す。意識にあることだけを思い出す。その意識が同一という機能を含んでいたら、記憶はぜんぶ「同じ私」の記憶だということになる。動的平衡の平衡状態だけを意識は捉えるようになっているから、まさに「時間よ、止まれ」です。でも、なぜ止まったものしか意識できないのか、それがわからない。そこを福岡さんに聞いてみたいと思

っていました。

福岡　平衡状態そのものは、化学的に見るとあっちに行く反応と逆にこっちに行く反応の両方が等速度になっている状態なので、一見止まっているように見えます。実は、すごい速度であっちに行く粒子とこっちに行く粒子が、渋谷のスクランブル交差点みたいにぐちゃぐちゃになって行き交っている状態なんですけどね。

養老　いちばんよくそれを表現しているのが、レオナルド・ダ・ヴィンチが描いている渦のスケッチですね。彼は渦が好きだった。動いているけれども、止まっている。水は同じところにとどまっていないのに、そこに渦という表象が発生している。彼が渦を好きだったのは、ぼくたちと同じことを考えていたからじゃないでしょうか。

福岡　水道でもちょろちょろと出すと、ある一定の回転をしながらねじれますよね。あのねじれはかたちとしてあるのに、水の分子は常に流れている。ダ・ヴィンチはそういったものに親和性があったんでしょう。

養老　引き込まれています。不思議でしょうがなかったんだと思う。

福岡　情報化社会が止まっているということをもう少しお聞きしても？

養老　情報そのものは止まったものを扱っているということです。時間的な同一性、つまり一枚の写真に写されたようなイメージです。情報が重要視されるということは、

そういうものが現実だとどこかで結局思い込んでいるということ。その視点でものごとを見ると、今の「動いている」話は、レオナルドじゃないけれど、不思議でしょうがない。

福岡　どこか視野の外に行ってしまうんでしょうね。

養老　ものごとは動的状態が本質だとは考えられていない。情報のほうが本質だと考えるのは、すべてを言葉で表現しようとするプラトニズムでしょう。

福岡　イデアの話ですね。

養老　そうなんです。だからプラトンとアリストテレスが対立するのも無理がない話です。でも、社会には両方ある。社会がどういう状況をとるか、どちらを重視するかを、ぼくは以前に脳の時代と身体の時代とで対比して書き分けました。縄文時代は動いている時代だから身体の時代ですが、弥生時代になると固まってくる。弥生時代は、脳化した脳の時代で、それが平安時代まで続いていきます。戦国時代になるとまた身体の時代に戻って、江戸時代が来るとまた止まって脳の時代になる。言ってみれば脳の時代というのは、情報化社会ということです。

情報を重視したからこそ江戸幕府は鎖国をしたんでしょう。鎖国というのは、情報を止める装置です。つまり、人間が入ってくるのを止めることで、情報が入ってくる

のを制限した。物流が完全に止まっていたかはともかく、人間が入ってこないだけで相当な情報制限になります。

これは片方が正しいとか正しくないという話ではなくて、脳と身体という両方のフェーズを私たちは持っているということです。でも、社会の状況はどちらかに偏る傾向がある。

福岡　今はそれが非常に偏ってきているということですね。

養老　それも、脳の方に大きく偏っている気がするんです。順番からして身体性が復活してくる時代が来るかといえば、可能性はあると思います。ただ、それは今の時代からいうと「乱世」と言われるんじゃないかな。そういう考え方をするだけで「秩序を乱す」と言われかねない。

福岡　価値攪乱者ですね。

養老　でも、秩序というのは、脳と身体のせめぎあいと同じで、福岡さん流にいえば「動的平衡」のようなかたちでいつのまにか成立するものなのに。

福岡　もっと静的でスタティックなものになってしまっている。

養老　秩序のあり方というものは、必然的にそうなるのではないか。意識はそれをさらに外部に押し付けようとするんです。やたらと法律を作るでしょう。現場の判断で決める方が機能的なのに、一律に法律やルールといった言葉で秩序を作ろうとする。無駄な書類やら会議やらを増やしていく。国立大学に長年いたから、その辺りの外部に押し付けるやり方は身にしみています。

福岡　おつかれさまでした(笑)。今お聞きしていて思ったのですが、もうひとつ人間が外部に押し付けているものとして「時間」があると思うんです。時計とかカレンダー、日記に新聞といったものです。本当はとらえどころのない時間というものを、外部のメトロノームのように時計や新聞に投射し、依拠しているわけですよね。それを分母にして、今日一日のパフォーマンスは、一ヶ月の収入は、一年の売り上げはと効率を考えている。でも、それは非常に人工的なことです。そんなに毎日が効率的なわけがない。あがったりさがったりして、トータルでちょぼちょぼになるはずなのに、そういうものに振り回されている人が多いのは、変な時代だと感じます。そういう人と話をすると、「動的平衡」を考える私とは話がかみあわないんですけどね。

養老　ある意味では両方とも成り立っている訳だから、年寄りから言わせるとお互いにどう融和させるか、だな。

福岡　折り合いですね。

養老　つまり、自然の平衡状態を念頭におきつつ、行き過ぎたらそこに戻すというこ

と。意識で考えて無理矢理にこちらに都合良くしようとするとしばしば失敗するでしょう。無駄に労力を使うというのはそのことです。だから、福岡さんが書いていらっしゃるものを読んでおもしろかったのは、意識や秩序を考えていらっしゃる部分なんです。

福岡　確かに書いています。だいたいが『動的平衡』は、冒頭からして「意識の問題」と「記憶の問題」です。養老先生に向けて書いたようなものですね（笑）。

説明を加えておくと、この本では、意識や記憶の問題を解体しながら、食べ物や細胞、ミトコンドリアから病原体までを動的平衡のキーワードで説明しています。先ほどもお話ししたように、身体のあらゆる組織と細胞は、中身が入れ替わって作り替えられていますから、数ヶ月前の自分とは分子的な実体としては別物です。分子は外の環境からやってきて私たちの身体を「通り抜けていく」ようなものです。正確にいうと「通り抜ける」べき容れ物さえも、一時的に分子の密度が高くなっているおぼろげな部分でしかない。「通り過ぎつつある」分子が一時的に身体を形作っているだけです。

つまり、分子的な身体は「流れ」でしかない。その流れの中で、私たちの身体は変化しつつもかろうじて一定の状態を保っています。それを「生きている」という。シエーンハイマーはその特異なありようを「動的な平衡」と名付けました。だから、「生命とはなにか？」という問いへの解は、「生命とは動的な平衡状態にあるシステムである」。言い換えると、可変的でサステイナブルであることを特徴とする生命というシステムは、物質的な分子という構造基盤にではなく、この流れに依拠しているということです。

よく考えるとこの「流れ」は「効果」であると言えます。実体がなく、システムでしかない。だから、一輪車に乗るように、バランスを取りつつ小刻みに分解と再生を調整しながら自分を作り替えていくことで環境に対応できるのではないかと考えました。

ここからが、お聞きしたいことなのですが、私はこういった環境への小刻みな対応が、後々に見ると軌跡となって「合目的性」と呼べるものになっているのではないかと考えていました。環境の変化の中で生き抜いてきた人類は、ランダムなものの中にある種のパターンや法則を見いだすことで、七〇〇万年の進化史で自然と対峙してきた。脳の中にそういった回路を作ることは、生死の瀬戸際では役立ったはずだ。そういうふうなありきたりな解釈をしていたんですが、先生のお話をうかがっていて、はっと気づいたことがあるんです。ひょっとするとそんなことじゃなくて、秩序を見てしまうということは、もっとなにか生命の成り立ちとしての制限から来るものかもしれないなと。なにかお考えはおありでしょうか？

養老　それが「お考え」がないんですよ（笑）。どうして脳が秩序を持ちたがるのかは前から不思議に思っていました。しつこいんだけど、どうして意識は止まった物しか扱わないんだろうか。情報のことを問題にし始めたとき以来いつも思うことです。意識は、起こっている現象自体を扱わないというよりも、扱えないんですね。ランダムでも秩序的でもいいんですが、世界があって意識はそれをとらえる。そのときのとらえ方として、止まっているものしか扱えないから、動的平衡の平衡状態を拾うようになっている。進化的にいえば、そのほうが合理的です。平衡状態になったらすぐに意識が拾う。でも、平衡にしてしまうと時間の問題が消えちゃうんですよね。

福岡　そうなんです。そこなんです。

ピラミッドをなぜ作った？

養老　視覚というのは基本的に時間を止めてしまいます。写真を思い浮かべればわかりやすい。でも、聴覚は運動の一種だからそうじゃない。

福岡　時間が流れていないと、気づかないですよね。

養老　メロディというのは、時間の中に起こるパターンですからね。音の周波数というのは、音の高さの差異から生まれる。差異と繰り返しによって音は生まれる。繰り返しがリズムになっている。周波数という差異があって、リズムというある種の統一性があって、そこにメロディという情報が発生します。メロディはある意味で固定しているからこそ、我々の意識はそこをとらえられるけれど、そうなると周波数はとらえない。つまりそうやって全体がわからなくなってくる。

福岡　確かに、メロディは相対的なものだと思います。

養老　時間の関連でいうと、ピラミッドは、時間を止めて情報化したくて作られたものじゃないかと思っています。以前にも書いたのだけど、あれほどの大きなかたちのものというのは、いちばん安定していますよね。空間的になぜあんなものを作ったのかを考えていて、文字に書けばその必要がないということに気づいた。万里の長城とかピラミッドみたいな典型的な土木建築物はそういうことじゃないかと思う。土木建築というのは、古代ではいわば文字と対立するものです。ピラミッドが建てられなくなってなにが起こるかというと、歴史が書かれるんです。秦の始皇帝が焚書坑儒をやったのは、そこの違いです。儒教がどうこうではなくて、万里の長城を作るような心性と、文字を書く心性は違うんじゃないですかね。文字の代わりに時間が止まった歴史情報として万里の長城を作る。現に二〇〇〇年以上の時を経て今まで残っているんだから、その役割は果たしていますよ。さらにいえば、ピラミッドは四辺でがっちりと東西南北を示しているんです。方角は空間的なものですが、時間と同様に変わらない情報です。

福岡　なるほど。確かに太陽が出たところが東だったら、季節によって多少ずれるから、うぃーんと動かなくちゃいけなくて、なんだか目が回ってきちゃうような。だから、あちらが東ですよと決めたかったわけですね。

養老　常にそうやって世界を止めようとするんですよ。現代社会もピラミッドと同じようにシステムを固定しよう、固定しようという方向に行きたがる。それが情報化社会です。

なにを見ているか

福岡　先生がおっしゃっていた、アリの巣の中で、アリのふりをしているそっくりなカミキリムシがいたという話。これは、やはり人間が見るから似ているのかなと、その後考えていました。人間の目では似ているだけで、本当は似ていないのかもしれない。人間が見ている以上にたくさんの要素がぐにゃぐにゃと動いているはずで、そこに因果関係はないのに、その中でたまたま似ている何かを抽出しているだけなのかなと。あるふたつのものが似ているから有利、別の似ていないものは不利、と判断していますが、それはどこまで本当なんでしょう。確かに、例えばコノハムシは本当に木の葉みたいですけれど、ひょっとすると人間が「動的平衡」ともいえるある種の止まった状態を見て「似ている」と言っているだけかもしれない。木の葉に似ているから鳥に食われない、というこの形質が選択されたという進化論的な説明はあとづけかもしれない。

養老　確かに似ているのは、行動なんです。動くと、かたち以上に行動が似る。動いていない場合は、気づかないことが多い。標本ではあまり擬態に気づきません。

福岡　標本は動的ではないから、それこそ時間軸ですね。

養老　テントウムシそっくりなゴキブリがフィリピンにはいまして、葉っぱの上ではテントウムシのようにゆっくりと歩くんです。ちょっと脅かしてみると、ゴキブリらしく素早く動く。イレギュラー状態になると、本性が出てしまう。

福岡　行動が似ているということは、生まれた後になにかそうすることが有利だと環境が命じているのかもしれません。その瞬間のかたちだけ似ているとしても、それは人間が創りだした物語なのかもしれない。

養老 フィリピンに最近でかけた知り合いから、カタゾウムシという ゾウムシを大量にもらったんです。見ていたら、なんと一匹だけカタゾウムシじゃないゾウムシが入っていました。鼻が長いのが一匹だけ短いのの中に入っていた。

福岡 そんなの、せっかく擬態しても、養老先生に捕まえられちゃうだけですね（笑）。

養老 おれ、生まれ変わったら擬態かなと思う。

福岡 次に生まれたら擬態を研究したいということですよね。一瞬、養老先生がなにに擬態するのかと想像しちゃいましたよ（笑）。

養老 選べるなら、カタゾウムシの中のハムシかな（笑）。

福岡 虫からの視点でいうと、爬虫類（はちゅう）やある種の昆虫の中には、動くものしか見えないやつがいますね。昆虫ショップにいるトカゲなんて、こちらが何をしようがぴくりともしないのに、ピッと手を動かすとカッとこちらを見つめてくる。動いているものだけに反応する。

養老 カエルが典型的にそうです。かなり前から生理学的に調べられていて、カエルの視覚領では、動くものにしか反応がない。カエルというのは、動いている物がある程度以上の大きさになると逃げるし、ある大きさ以下だと食う。脱線しちゃうけど、カエルの目玉は、どういう状態がレスティング（神経状態として休んでいる状態）かを考えるとおもしろい。光があってなにも視野に動いているものがない状態が、カエルにとっては休んでいる状態だと気づいたんです。目は光がなきゃ意味がない。真っ暗は、光を探さなくちゃいけないから、かえって疲れる状態じゃないかと。両棲類は洞窟の中に暮らしていると目がなくなります。あれは、疲れてなくなるんであって、よく言われるように要らないからなくなるんじゃない。

福岡　これは今日のいちばんすごい指摘かもしれません。ダーウィニズムは、「退化」をなかなか説明できなかった。要らないから退化するとよく考えられていますよね。でも、ある形質がなくなるためには、なくなることで有利になる状態でないとなくならないはずです。洞窟内で使われないから勝手に消えるということはないわけで、消えることが消えないことよりも有利にならないと選択されないはず。だからいまおっしゃったように、それが疲れるのであれば、疲れない方が有利だからなくなる。

養老　働くのが当たり前の状態で、楽だということですね。光がなかったら、光があることが前提になっている光受容細胞なんて意味がない。光がないという状態のほうが変な状態なわけです。

福岡　ある一定の刺激があって、それが変化しないときが細胞にとっていちばん電気の出入りがないときだから、逆に全く光がなくなると働きっぱなしになってしまう。膜電位を維持するためにイオンポンプが一生懸命働いて全体に負荷をかけるので、やがて光受容細胞を含む目は、洞窟の中でなくなってしまった。これって意外とだれも言っていないんじゃないですか？

養老　ぼくもそんな気がする。以前に言ってみたことはあるけれどだれも気にしなかった。そういうことはいっぱいありますよ。

福岡　退化というのはなかなか説明できないコンセプトです。

一瞬の平衡状態

福岡　ちなみに脳はなんでも分節化しますよね。なんでも分けてしまう。自分の目で見て事実だと考えてしまい、「錯覚」となっていることも多い。たとえば、「七色の虹（にじ）が見える」というけれど、実際は七色がきっちりと分かれて見えるわけじゃありません。本来連続している物を分けているから、民族によって「見える色」は違うくらいです。これもまた脳の癖といえば癖ですが。

養老　脳だけじゃないですね。ぼくは解剖学で身体を扱っていたので、根本的なところで身体は分節性を持つと考えているんです。単細胞だってそうですし、クラゲだって実は発生過程を見るとちゃんと分節した発生をしている。積み重なっていったんかたちになった上でひとつずつ離れていくから、各分節が個体になってしまい、わからないだけです。だから、分節することは生物の基本にあると思います。それを脳がまた忠実に行っている。どうもそれが自然な気がします。

福岡　そこが生物学の基本的な謎ですよね。どこか前の方からホルモンが出て、濃度勾配ができてしっぽのほうが薄くなるから身体の前後ができる。それは線形的な傾斜なんですが、いつのまにか背骨の分節とかウジ虫の体節のように階段状に分かれて変わっていく。

養老　自分の手を見てるだけで不思議ですよ。虫も同じような分節した手を持っている。これ、なんでなんだろう？　なんで？

福岡　なんでですかね。かなり基本的な生物の構築原理だから、分節がなくて滑らかなやつはあまりいない。視覚に関していえば、滑らかなのにわざわざ段差を強調するときの側方制御（わざわざ前後差を強調するような脳の視覚処理）のようなもの、あるところに注目するとその両側が際立つように処理してしまうのが分節化の作用ですよね。そのデジタル化ともいえる作用が脳の仕組みとして備わっている。これは進化のなせる業でしょうか。それとももっとなにかあるのか。進化ではなくて、構造的な制約があるのか。滑らかに認識するやつもいたし、がくがくっと認識するやつもいたけれど、がくがくっと認識するほうが有利だから分節は残ったとか。

養老　そのままだと択一を迫られたときに、選べない。どこかにこういう場合はこうする、という型を入れないといけない。

福岡　選択ができないと、働けなくなっちゃうわけだ。どちらに行けばいいのかわからないから、混乱してストップしてしまう。

養老　いちばん身近な例でいつも感じているのは、右利きと左利きですよ。利き手というのは、いざというときにないと困るんですよね。わかりやすくいえば、利き足がないといざというときに逃げるのにうさぎ跳びになっちゃう（笑）。とっさのときのためにどちらかを決めておかないと追いつかれちゃいますよ。社会生活でも同じです。なにを分担するかはともかく、旦那がこれをやって奥さんがこれをやってと決めておかないと、その都度議論する羽目になるから大変なことになる。それをフェミニストが男性中心主義だというのはおかしいと思う。単なる機能主義であって、どちらが何をするかを決めておかないと無駄な時間を食うから効率が悪い。生物は、進化の過程で何度もそういうことに遭遇しているはずですよ。ランダムでもいいから、どちらかに決めておく方が有利なんですよね。

福岡　それこそ、ランダムの中からある種の幻想としてパターンが抽出されていくひとつの仕組みなのかもしれないですね。

養老　もしかしたら、それは右でも左でもいいし、男でも女でもいいのだけれど、そういうほうがなんとなく多かった、ということの結果かもしれない。

福岡　どちらかに動かないと、立ち止まっていたらやられてしまう。

養老　それをぼくは「ビュリダンのロバ」という哲学で説明しています。

福岡　どういうものですか？

養老　腹が空いたロバの両側に同じ干し草の山があると、ロバはどっちを食べていいかわからなくて飢え死にするという話があるんです。要するにロバはバカだという話で、バカの代名詞なんですが、これに右利きか左利きかを重ねて考えればいいことです。ロバがランダムに動き出したら、右利きは右に必ず行くからよし、という風に片付ける。

福岡　その決め方は恣意的なもので、なんとなく右の方が多いからといった程度だったのに、あたかも右の方に意味があるから決めた、といつの間にか思ってしまうものので。

養老 話がもとに戻りますが、どうしても意識は秩序立ててものごとを見てしまいますね。考えてみたら、秩序の前提になるランダムとは、プロセスでしかわからない。さいころを振って乱数表を機械で作る。ランダムに文字を並べた物ですと言ってそれを見せられても、暗号である可能性が常にある。三字おきとか四字おき……なんでもいいけれど、意味のある文章を作られちゃったら、まず普通はすぐにはわからないでしょう。だからさいころを振るような時間的なプロセスを含めないと、ランダムであることが納得できないんですよ。だから、秩序が見えるということと、ランダムであるということは次元が違うことじゃないですか？

福岡 最初の話に戻りますね。止めないとメカニズムが見えないということは、止めないとそこに秩序が見えないということになる。動いている物はなかなか観測できないから、ランダムに見えてしまうということですよね。

養老 ところが、ランダムということを判定するためには、動かさざるをえない（笑）。

福岡 そうそう（笑）。でも、動的平衡状態ですから、実際には動いているわけです。

私たちの身体も環境も自然も。だから、平衡が揺れているということは本当はそこに秩序がないということ。なにかしら生命現象に因果関係を求めるのは、幻想なのかもしれません。なにかがなにかの原因であるということは、止めたときにドミノ倒しのように見えているだけで実はそうじゃない。後から振り返っていくと、この現象が起きたからここが原因だ、と見えてきますが、そのプロセスを巻き戻していくだけだから、同じ現象が起きたら同じことがまた起きるとは限らない。でも、そこに統一性を求めて生物学もほかの科学もここまで来てしまっているわけですよね。

養老　変な話だけど、ぼくや福岡さんに現代社会でニーズがあるとすると、そこから外れているからかもしれない（笑）。

福岡　ぼうっとして渦を見ているようじゃ、外れていますかね（笑）。今は、時間を止めて秩序を見ようとするばかりですから。

養老　時間を止めた方が効率がいいからね。計算上左脳型で動こうとするのが、いわゆる合理化です。

福岡　効率が良いように見えますからね。

養老　評価の基準そのものがそうです。ただ、効率ばかりを追求すると効率が悪い、つまり部分的合理性が全体的合理性と合わないということに多くの人が気づき始めていますね。

福岡　新幹線や携帯電話が人間を自由にしたかというと、難しいところですよね。「効率化すると自分の時間が増えますよ」というような本が最近はもてはやされますが、増えた時間をどうするんでしょう？　そもそもが、効率をよくするためにエネルギーを使っていて、時間が増えているかどうかも怪しい気がします。エネルギーの反作用として、必ず弛緩時間が出てくるので、すこし時間軸を長くとれば動的平衡なのでトントンになってしまいます。あがったところだけを見て、私は効率がいいですと言っているだけのような。

養老　効率的に生きるなら、早くお墓に入ればいいのに（笑）。やることやって早く死ぬのがいちばん効率がいいですよ。

福岡　死は最大の利他行為ですからね。稲垣足穂が、おむすびを食べるのはまどろっこしいからトイレへ行ってポンと捨てればいいと冗談で言ったといいますね（笑）。

養老　くだらない結論だけれど、意識はどうやって発生するかわからない。しかし動的平衡について考えていたら、要するに脳全体の物理化学的なプロセスの中で、ある動的平衡状態が成立したときの機能が秩序なんですね。

福岡　今日のすばらしい結論ですね（笑）。私は、もう無意識に動的平衡です。ある平衡状態が生まれたときにある秩序が生まれて、それが電気の回路なんかを生み出して、認識としてわかる。ユーザーイリュージョンなんです。都合よく解釈して使っているだけ。

養老　動いてやまない脳が、言葉みたいな固定した物や固定したパターンをどうして生み出してしまうのか不思議でした。これはまさに動的平衡しかありえないですよね。

福岡　あるとき一瞬に平衡状態をとる。それがその時々の意識や注意といったものなのかもしれないです。

養老　こうしていると渦を見たくなるな。

福岡　次は渦の話をしましょうか。

なんでも言葉にすることが間違っている

養老　この対談はまだ続くんですね。

福岡　いろいろ話をしていると尽きないですね。

養老　だいたいこうやってなんでも言葉にしようっていうところが間違ってますよ。

福岡　(苦笑)。動的平衡の話になりました。

養老　椅子とりゲームしている状況を第三者が傍から見ているのが動的平衡だということでした。しかも、フォークダンスを踊りながら椅子とりゲームをしているという状況。動いているのに止まって見える渦にも喩えましたね。

福岡　レオナルド・ダ・ヴィンチがなぜ渦のスケッチを描いていたのかもお考えになっていましたね。

養老　止まって見える原因は意識にあるんじゃないかと考えている話もしました。意識は止まったものしか見えない――その意識の機能が情報化社会を招いたんじゃないか。情報は止まっているものの典型ですから。

福岡　平衡状態を「瞬時に起こるものだ」と捉えると、物理的基盤が脳のどこにあろうと、意識という秩序がどのように脳の中の動的平衡から現れるかを説明できるんじゃないでしょうか。

　なにかしら司令塔があって、そこから命令があるとすると、命令は電気の流れになるから、時間差が出てきてしまう。波として伝わるということです。でも、それでは脳波や神経活動の規則正しい周期性や同時性、同調性を説明できません。でも、反応としてもっと一瞬に平衡状態が現れると考えれば、見えていた対象がバーッと一瞬にして渦に見えるということになる。そういうものとして動的な平衡状態があるのは納得がいくんじゃないですかね。つまり意識、あるいは注意とは、一瞬成立する動的平衡状態と考えられる。秩序だっていないのが通常の脳の状態ということにもなります。

養老　おっしゃっている通りです。ただ、その根本にある「意識なんて当てにならないものだ」という認識があまり持たれていない気がします。特に「客観的に」考える人というのは、意識を絶対に確実なものとして捉えるでしょう。「科学的で論理的な議論の結論だからまちがいない」なんて言いますよね。でも、「それはあなたがそう思っているにすぎないでしょう」という話なんです。

福岡　脳の状態の大半は、動的な非平衡状態で、ある一瞬だけ平衡状態が起こる。しかもそれは時間の流れの中のほんの一瞬であって、「あっ、渦がいまきれいに見えましたね」「そうだね」「あ、もう消えている」というほどに瞬間的なものなんですよね。

養老　そうなんです。平衡状態がポンとそこに成立している。瞬間的に成立しているだけだから、証明ができない。

福岡　そのイメージが、ダ・ヴィンチのデッサンになったり、ピカソの絵画になったり、ある種の文字になったりするのかもしれません。その上、それは個人的な平衡状態のはずなのに、万人に通じていく。

養老　そうですね。

福岡　おそらく誰もがある瞬間に、その平衡状態を作りだせるのだと思うんです。でも、なかなか自覚できずに気づかないままやり過ごしてしまうことがほとんど。だから特殊な記憶力を持つような人がその状態をバシッと捉えて見せてくれると、なるほどと思える。

養老　一種のデジャ・ヴでしょうね。「どこかで見たことがあるぞ」「俺も経験があるぞ」っていう。

福岡　それが具現性のあるイメージになるんじゃないでしょうか。

言葉とは何か

養老　この話、しようかなと思ったけど、やっぱりやめようかな。話を始めるとこの対談は終わらなくなるからやめようかな。

福岡　なんでしょう？　むしろそれを聞いたら終われないじゃないですか（笑）。

養老　言葉ってなんでしょう、という話（笑）。蒸し返すようだけど、言葉って、前提に現実があるわけでしょう。虫の標本を作っている場合に、たとえばこれにルリボシカミキリって名前をつけたとする。でも、名前をつけてもつけなくてもルリボシカミキリはいるんだよ。ね？　ということは、「いったい言葉とは何だ」と考えざるをえない。でも、言葉は現実を補完するものだということが今の日本では忘れられていませんかね。人間社会に生きていると、言葉が人間を左右したり、社会全体を言葉——法律がそうだけど——で統制したりするでしょう。それって邪道じゃないのか。現実と言葉とがきっちり一致するなら、どちらかは要らないということになってしまう。ところが往々にして、現実が要らないということになってしまう。

福岡　はい。

養老　言葉と現実が相互に全体として補完するんだという考え方が、どこかにないのかなと考えてしまうんです。

福岡　確かに。見つけた虫をルリボシカミキリと呼ぶことはできるし、ルリボシカミキリという虫を採集することもできるけれど、ルリボシカミキリという言葉自体はそれだけでは無力だということですよね。

養老　言葉に現実を合わせようとすると、いろいろ厄介なことが起こる。現在、しょっちゅう人間がやっていることですよ。あるいは現実を言葉にしようとすると無理が生じて、これはまたこれで厄介なことです。

両方がどう補完してどういう世界をつくっていくのかを考えてみると、どうも言葉の位置が——情報と言い換えてもいいんだけど——定まっていないような気がするんです。ほとんど無意識にやっていますよね。たとえば、原理主義は言葉で世界を抑えてしまう。無意識に現実を抑えこむ典型的な例です。

相互干渉が強すぎているとも思います。このあいだの田母神論文の一件で思ったのですが、軍人が口でゴタゴタ言ったって、軍人の仕事は、早い話が「喧嘩に強い」ことに尽きるはず（笑）。何をおしゃべりしようが実質がないんだから実は関係ない、という考え方が、意外にないんですよね。それはちょっとおかしいんじゃないかと思ったんです。普通は、聞き流せばいいことでしょう。それは、生徒のいない学校に先生が通うのとよく似ています。全部が、ヴァーチャルになってきている。

福岡　言葉の力が強すぎるわけですね。

養老　ある面でね。

福岡　それに対する反応が強すぎる。

「タモリ」の重要性

養老　今の日本の現実に引き寄せて言うと、タモリという人物は非常に特異で、言葉の問題を考えるときによく例に出すんです。

福岡　タモガミじゃなくて今度はタモリさんですね。

養老　この前、番組に出演させてもらったときに思ったんです。彼のユニークさは物まねに顕著に出ている。ジブリの制作した短編アニメ（三鷹の森ジブリ美術館で館内上映していた『やどさがし』のこと）があって、少女が森の中を走り回る過程で嵐やさまざまなものに出会うんです。その背景の音がすべてタモリさんが口で出す擬音なんです。矢野顕子さんの女の子の声が「ラン、ラン、ラン」と鼻歌のように歌う以外の音は、風の音も嵐の音も、ナマズみたいな怪物の音もすべて「タモリ」の声なんですよ。

福岡　三鷹のジブリ美術館だけで見られるものなんですか。

養老　そう。ぼくは、あれを聞いていて、「タモリは天才だ」と思った。

福岡　それは聞いてみたいですね。

養老　それでぼくが思い出したのは、自閉症のナディアという女の子なんです。五歳で描いたデッサンがダ・ヴィンチとそっくりだった。ところが、その女の子が言葉をしゃべれるように一生懸命教育をしていったら、デッサンの能力は消えてしまった。現代の教育というのは、「タモリ」を作らないで「ナディア」を作ろうとしていませんか。そうやっていろんな能力をつぶしていくんですよ。

福岡 今の教育でいうと、言語能力を強化していくということですね。確かに、今はずっとしゃがんで渦を見ている子がいたら、心配されちゃいますね。

養老 タモリさんのおもしろいところは、あの『笑っていいとも！』を三十年間もやっているということです。庶民相手に、しかも言葉しか使わずにやっている。おそらく、タモリさんの言葉の使い方は、擬音と同じで中身じゃないんですよ。言っていることをすべて記録して文字にしたとしても、こういっては悪いけど、なにかを強く主張したり、中身のあることを訴えようという内容ではない。

福岡 ジブリの短編アニメと同じで、ヒューッて、心地よい風の音を出しているんですね。おそらくその心地よさが昼休みにちょうどいいんでしょうね。

養老 呼ばれたゲストは、普通はテレビを意識して話をしますよね。でも、タモリさんの横に座ると、しゃべらざるをえなくなる。非常にうまく間を取るし、雰囲気を作っている。「テレフォンショッキング」のゲストは、みんな素直にしゃべっていると思いますよ。実際に会うと、タモリさんはどちらかというと華奢（きゃしゃ）な人で、完全に「待ち」の姿勢なんです。相手が自然にしゃべり出す空気を作るだけ。逆に考えると、いまという時代が、ああいう能力を求めているんじゃないか。

福岡　そういう能力を持ってる人は、あまりいないですよね。

養老　なにかしゃべるときは、意味のあることをいわなくちゃ、という強迫観念がありますから。

福岡　あまり意味のないことをしゃべるにしても、うまく間をとればいいということにもなりますね。

養老　タモリさんのオハコの「北朝鮮ラジオ」も意味はなくて、やたらにおもしろい。

福岡　ヒューンと途切れて、「我々はあっ」といった調子でまたまたビューンと聞こえてくるような(笑)。会話なんてそれでいいんですね。

養老　タモリさんにとっては、三十年間やっていても、その瞬間その瞬間の風しかないんだと思う。

福岡　まともになにか情報を流そうと思ってやっていると続きませんね。

養老　左脳を使うやり方では続かないでしょうね。そういう意識でやっていたら、たいていはダメだし、儲かりもしないし続きもしない。近道のようでいて実はつながっていない。

分けることとわかること

福岡　実際は多くの人が、「時間を止めて秩序を見よう」としている。時間を止めて秩序を見て、効率よく動く方に組み換えることが有利だとされてる。

養老　それがいわゆる合理化です。

福岡　効率がよいと見えるだけなのに。

養老　なぜ、いまの人は現実を統制しようとするのか。その傾向が、年々、強まってる気がするんです。

福岡　なぜ統制しようとするんでしょうか。

養老　言葉狩りが始まった頃から、もうそうだったんでしょうけどね。

福岡　言葉によって、言葉どおりに世界を制御したい、制御できると思っているんですね。

養老　だから、現実は言葉で動くと思ってるし、逆もまた真なんでしょう。だけど、片方の面だけが強くなりすぎている気がするんです。全体として見ると、相互に補完するはずだと思うんですが。

何でも一面的になっているんじゃないかという気もします。たとえば「ある」と「ない」。これは反対語ではなくて補完語です。「生」と「死」なんて、まさにその最たるものです。「生きている」と、「死んでいる」は決して切り離せない。生きている状態が死んでいない状態で、死んでいる状態は生きていないんだから、完全に相互補完じゃないですか。それを、反対語の面だけを強く取りだす社会になってきた気がするんですよ。

福岡　分類も、ほんとうはそんなことなのかもしれないですね。

養老　そうですよ。

福岡　分類は、現場の力をいつも確かめながら行われる。その無力さと有用性を、現実とすり合わせながら行きつ還(かえ)りつする。ある谷をはさんで四〇〇メートル離れた場所に同じ虫でも別の模様の個体がいれば、そこでは分類の有用性が示されて別々の「種」ということになるだろうし、あとになって谷筋に中間的な形態の個体が見つかれば分類の無力さが示されて「種」は揺らいだものになる。その揺らぎがあるということを確かめたいから私たちは分類するのかもしれない。

養老　実際に初めて解剖をやったときに、ぼくがそうでした。解剖学を長年やってきましたけど、解剖学というのは要するに、体を切って分けて、名前をつけていくという学問なんです。「これは要するに、死体を分けて名前にしてるんだろ？」というだけで、以上終わり。いちばん極端にいえば、死体をもってくれれば解剖学は要らないだろ、ということになる（笑）。すべてのものが、そこに揃ってるんだから。

福岡　そうですね。

養老　でしょ？　でも、そうじゃない。

福岡　そこに揃っているものを一層ずつ分けて、名づけていく。名づけてからもう一度組織を見るとちゃんと一層ずつ分かれて見えるんですよね。そこに意味がある。

養老　死体は現実の世界であって、それと言葉の世界とがちゃんと存在していて、相互に干渉してるわけでしょう。で、お互いを補い合ってひとつの大きな世界になってる。そういう見方がいつの間にか消えて、言葉を無理矢理に現実に合わせなきゃいけないということになってきた。ＮＨＫの「公正・中立・客観」というのをみんなどう捉えているんでしょう。そんなことあるわけないのに。もうちょっと相互補完性を強く言わないといけなくはないですかね。それを共存という言葉で言っていた気がするんだけど、共存というとどこか胡散臭い言葉になってしまう。言葉と現実は、たしかに共存してるんだけど……。

福岡　でも、共存関係にあるといってるだけで、その関係性のあり方については何も語っていないわけですよね。

養老　そうなんです。だから、両者が補完するような大きな世界をつくっていかなきゃいけない、頭の中で。それを文化とか、文明とか、ひょっとすると社会とかいうんじゃないかという気がしています。社会学者とか社会を専門に扱う人たちは、言葉によって社会を記述することがすべてだとどうしても思ってしまう。でも、現に社会はいつでも存在しているし、学問自体が社会から発生しているんだから、それはお互いに補完するしかない。記述しつくせるはずがないんです。

言葉は重いか軽いか

福岡　要素の記述や分類で学問が終わってしまっているということなんでしょう。図鑑を作りたいというのがそうですよね。図鑑は、突き詰めると要素を等間隔で整列するという究極の分類をしています。そこでは分類の境界は明白です。けれども、現実の標本を前にすると「〇〇種の亜型のb」といった中間的な名称をつけざるを得ないものに出会うわけですよ。

養老　それでいいんです。しかし、今や図鑑があるから虫は要らないっていうことになっていないか。虫のほうは「そんなこと、オレに関係ないよ」と思っている。現実の虫と図鑑の二つの世界が共存しているという感覚がどんどん社会から薄れている気がしてしょうがないんです。両者の価値を認めるということが必要です。

乱暴に例をあげると、インターネットで悪口を言われたから死を選ぶというのはどういうことなのか。「口で言われたことなんて何も関係ないよ、実際とは」という前提がないから、言葉で死んでしまう。

要するに、ある面では、言葉が重くなりすぎてしまった。「こう言われたから」とか「言っちゃいけないから」とか。言葉狩りもそうです。ぼくの子供のころは現実と言葉はこれほど関係がなかったですよ。「一億玉砕本土決戦」と言っていたのに嘘だったわけですから、言葉なんてそんなもんだよという常識がどこかにあります。それが完全に消えて、言葉の意味のほうが重くなってきたということです。

その一方で言葉は軽くなっている。約束だってきちんと守らなくなってきたでしょう。言葉を数多く乱発することで、ひとつひとつの言葉が軽くなっているんじゃないでしょうか。

福岡　そうですね。寸鉄人を刺すというのは喩だから意味があったのに、そうではなくなっている。言葉に対する感受性が、悪い意味であまりにもナイーブになっています。言葉が実在になってしまっているということでしょうか。

養老　言葉が実在を支配しているわけでしょう、当人を抹殺するほどなんだから。戦後ずっとかけて起こった変化のうちで、無意識に起こった最大の変化じゃないかという気がします。教科書に墨を塗った時点で、ぼくは言葉っていい加減なものだと無意識のうちに認識するようになりました。こんないい加減なものはないからこそ安心して本を書いていられるのに、うっかりすると現代は危ない危ない（笑）。

福岡　そうですよね。養老先生は失礼ながら、ネットでメチャクチャ言われている（笑）。

養老　ぜんぜん気にしてないですもん（笑）。「ネットはネットだろう」としか捉えていません。

福岡　停電になっちゃえばそれっきりですしね。

養老　そうそう。プラグ抜いちゃえばいいんじゃないですか。

福岡　刃物を持ち出されるとどうにもならないですけど、ネットでなにを言われようと確かに。

養老　携帯なら電池切れになればいい。極端に言えば、見なきゃいいんだもの。

福岡　うわさ話なんて、思えば昔からいくらでも酒場で聞かされていたわけで、たいしたことじゃないですよね。そもそもネット上の情報には定量性がまったくない。コピーや反復だらけですから。大きさや質量をはかりにくい。ただ、大きな企業やマスコミが、「ネット言説」について非常に過剰なかたちで反応している。それが一種の世論だったり、クレームだったりを形作っている。右翼が出版社の周りを取り囲んでるのとはまた違うスタンスで。

養老　その場にいたら、「マイクよこしなさい。私が代わりにやってあげるから」と言ってやるんですけど（笑）。

福岡　ネットの言葉に、どう対峙（たいじ）するかというのは、ちゃんとわきまえておかないといけないですね。あまりにも過剰に反応する人が増えています。

養老　なにか書いたら「炎上」した、なんてよく聞きますよね。それに意見したらまたそこで炎上して、とかなんかもうわけがわからない。最初の議論はどこへ行ったのやら。でも、そのへんにあるでしょう？　いま、ぼくが言ったことが。

福岡　ありますね。

養老　それを昔風に「現実と言葉の関係」と言い換えると、かえってわけがわからなくなってしまう。どういうふうに上手に補完させるか。言葉を十分に生かすことと、現実を生かすということをお互いに補い合いつつ、ぶつかりあうところはできるだけ収めていく。むしろよく補い合うところやよく組み合わさるところを探していかなきゃいけないんじゃないかという気がしてしょうがない。

いまのネットは、悪いほうへ向かっていて、言葉がすべてを支配する世界になっています。『プルーストとイカ』（メアリアン・ウルフ著、インターシフト）という本で読んだのですが、読字や言語の研究をしている著者があの本を書いた根本は、文字言語への不信なんです。いまの若い世代はインターネットで育ってきた。それに対して彼女は、ソクラテスの考えを紹介しながらプラトンを槍玉に挙げて、文字言語は信用ならないと言うんです。ちょうど、プラトンの時代と同じ状況にあるんじゃないでしょうか。

福岡　ぐるっと回って、同じ状況になっているということですね。言葉を使い始めた時期と、ネットの過剰な反応というのが似ていると。共通するのは、一斉にたくさんの人が言葉を使えるようになったということです。それに対する混乱というか勘違いがあって、何を言ってもいいし、自分の言ってることが皆に届きすぎている状況もある。話す言葉と違って言葉が減衰したり消えたりしないことも関係しているかもしれない。本来、情報は減衰するから情報たりえるのに。

養老　しかも、現実がそこにしかないんです。

福岡　「炎上」なんて、嫌な言葉ですよね。

養老　内田樹さんがそれを「呪いの言葉」だと分析しているんですが、面白い見方ですよ。だから、いまは「呪いの時代」になっているとおっしゃっているんです。禱り殺されちゃうなんて、いったい今はいつの時代か。

福岡　言葉では死なないはずなのに、実際は死ぬ人がいるわけだから。

養老　ちゃんと呪いが効いてるわけだ。古代的な言葉が生き還る時代になっているんですよ。

福岡　ネットの「炎上」だって、皆で「あいつは魔女だ」と言っているのと同じですからね。みんなでそうやって祀り上げていく。ネット上で「まつり」と呼びますが言い得て妙です（笑）。

養老　一度そうなってしまうとなかなか消せないんでしょうけど、上手にそれをコントロールする社会を作っていかないといけない。まあ、こっちは寿命がないから、「勝手にしろ」だけど（笑）。厄介な時代になったもんです。パソコンはひとりでゲームやってるのがいちばんいいですよ。他人に迷惑がかからないし。

福岡　パソコンのパソはパーソナル、つまり個人的な目的のために創り出された道具なんだから。

一人ひとりの価値

養老　自分ひとりで遊んでりゃいい。メールは確かに便利だけど、ネットであそこまで悪口が発展するっていうのは、それほどみんなたまっているということでしょう。ほかで発散できないんじゃないか。そりゃ、あたり前ですよ。こんなに合理化しちゃったら仕事がなくなってしまう。半端（はんぱ）な仕事がない。そこにいるその人をどうするかを考えないで、各部門を合理化して、その結果人が要らなくなるんだから。

福岡　そうですよね。安易な「効率化」も同じです。

養老　そう。全体の合理性を失ってしまう。部門ごとの合理性を追求していったら、全体としてイヤなことになる。失業者ばかりになって困りますよ。ぼくが大学にいるときそうでした。「あいつは困るから、どうしてもクビにしろ」というのに対して、「あんなのを社会に出したら、社会の負担になるだろう。もうここに長年いるんだから」「ここにおいておけば皆わかってるんだから」って（笑）。そうでしょ。社会的なコストを考えたら、ずっといたところにいるほうが、まだましなんです。

福岡　だましだましやっていくしかない。でも、「だましだましやる」ということができなくなっていますね。

養老　白黒つけたがる。それが今の「経営」ですよ。単調な社会をつくった結果でしょう。それこそ生物多様性もなにもない。天気も変わらなきゃ、気温も変わらない、風も吹かないところに一日中いて、インターネットを見ていたらおかしくもなります。その、おかしくなるということ自体に気がつかないというおかしさだから、耐えられるはずがない。

体のことだから、なかなか意識に上がらないんです。「具合が悪い」とか「腹が立つ」とか「イライラする」とか結果だけ出てくる。昔は、それを解消する方法を知っていたし、場所もあったんだけど、いまはない。解消できるような隙間（すきま）がありません。知り合いの三十代の人が言っていたんだけど、都内で一人暮らしをしていた同世代が何人も、近郊の実家に戻って二時間かけて通勤しているんだって。そりゃあそうでしょう。疲れちゃったんでしょう。だけど、そういう疲れた人は田んぼに放りだしゃいいんです。

福岡　ストレスとは本来、外から来るものではなく身体内部が発するＳＯＳ信号ですからね。

養老　だから、ラオスへ行っても、ブータンへ行ってもホッとするんです。人が少ないから。結局、一人ひとりの価値が高い。満員電車に乗っていたら、自分がいなくなっても、世の中変わらないと感じてしまうのは、ある意味で当たり前です。

そういえば、ブータンで雨季に山道を走っていたら、道そのものが崩れて流されちゃっているところが何箇所かあったんですよ。人が車ごと流されたときに、後続の車が「ああ！」って叫んでお祈りをしている。「昨日は、ここで五人が車ごと流されてしまいました」と沈痛な表情で言うから、「じゃあ、この雨がやんだら探すんですか」って聞くと「無理です。だから祈っているんです」。祈るだけでその後どうこうする気配がない。「これから人を出して探すのか？」と聞いても、「探しません」「無理です」って言って終わり。「探さないんだ、やっぱり」ってこちらは納得。人が流れたら、お祈りをする。

福岡　車が流されて、亡くなった方のためにすることはお祈りだけなんですね。

養老　山道の崖の深さが半端じゃないので、探すことができないんですよ。もちろん流された人は気の毒ですけれど、状況からするとヘリコプターでも探すのは無理。木が生い茂っているし、探す人の安全を考えたら、しょうがない。でも、だからこそきちんと「祈る」。

福岡　ああ、それがほんとうの祈りかもしれません。

養老　だけど、車を通すために道の山側の脇を掘ってるんだけど、その工事車両がこれまた事故を起こす。日本だったら、絶対に通行止めというような場所なのに、一本道の国道一号線だから、止められない（笑）。

後続の車に乗っていたこっちだって、何分の一かで流される確率はあったんです。結構高い確率ですよ。ただ「偶然に」無事に通っただけ。通る三日前から、「今日は十二人」とか言ってましたからね。数日おきに何人か流されていました。

福岡　危ないところでしたね。

養老　以前に行ったときも、崖の下のところの木にトラックが引っかかっていた（笑）。ブータンは木があるから、まだいいんですよ。ベトナムなんかは、伐っちゃってるから恐い。下まで草しか生えていなくて、ひっかかるものがいっさいないんです。

福岡　木があるからまだいいって、それは（笑）。

養老　東ブータンへ行ったんだけど、あの道路は恐かったなぁ。あれは、やっぱり福岡さんにも通ってもらわないと。ただの恐さじゃない。

見えるもの、見えないもの

福岡　話は少し違いますけれど、今日はちょっとお土産を持ってきたんです。これ……どうぞ。

養老　あ、人面カメムシだ。人の顔に見える。

福岡　東南アジアのキーホルダーです。お相撲さんみたいな顔ですね。これが人の顔に見えるというのも一種の人間の秩序思考ですね。カメムシのほうは別にヒトに擬態しているわけではなく、たぶんなんとも思っていない。

養老　人の顔というものがいかに我々の脳にインプットされているか、ということです。前に書いたことがあるんだけど、顔の凹面を撮った写真（デスマスクの型）があると、実は凹面なのに必ず凸面に見えるんです。

福岡　凹面には絶対見えない。確かにそうですね。顔だと思った瞬間に目も鼻も飛び出してくる。顔というのはありとあらゆるところに出てきますね。車を見ても人の顔に見えるし、電車だってそう。修学旅行で見た華厳（けごん）の滝の後ろには、いろんな亡霊が写真に写っていたりする（笑）。顔のイメージというのは、人間がパターン化した最たるものです。

養老　赤ちゃんが注目するのも顔ですね。逆にカッコウはおもしろい。自分の子供じゃないどころか、人間が見たらどう考えても種類が違うだろうというのに、巣のホストはカッコウの雛に餌を与える。カッコウの進化ってめちゃくちゃ不思議ですよ。世界中にいろんな種類のカッコウがいますけど、すべて巣のホストと同じ色模様の殻の卵を産むんです。同じカッコウでも、ブチやらブルーやらいろんな卵がある。それは単なるイメージじゃない。卵の殻は卵管を通るときにできるから、殻を作る環境に支配されているんです。

福岡　ある種の生物が表現するとっぴすぎるデザインやあまりにも似すぎた擬態を見ていると、ダーウィニズムのいう自然選択の結果だとは考えられないほど環境に対して自由に変容が起っているように見えます。つまり、突然変異とその自然淘汰にもとづくダーウィニズム自体は進化の大原則としてよいのですが、ちゃんとダーウィニズムが考えてこなかった生物の自由さの問題があると思うのです。おそらく遺伝子の基本姿勢は何かを厳密に定めているというよりも、むしろ自由度や過剰性を担保している。脳や免疫系が特にそうですが、その原則はすべての構築に言える。素材を提出し、あとはそれがどのように彫琢されるか、刈りとられるかは環境、さらには偶然にゆだねられる。カッコウの卵も遺伝子が担保しているのはいろんな模様になりうる自由度で、それがどのような模様になるかは卵が形成されるプロセスに依存しているのではないでしょうか。そう考えた方が筋が通ることが多いと思うんです。

養老　さすがのアメリカでも遺伝率には意味がないという本が出たくらいですもんね。遺伝性がどれくらいあるかなんてよく言いますけど、環境を変えたらまったく無関係になってしまいます。たとえば、大岡昇平が餓鬼みたいに食べる兵隊のことを書いているんです。言ってみれば、食べ物のことになるとがつがつしてどうしようもないと悪く書いている。でも、ぼくはその兵隊には寄生虫が居たに違いないと思っているんです。医者ならすぐにそう思いついたはず。でも、大岡さんはそれを人格の問題として書いている。

福岡　食い意地の張ったどうしようもない人という書き方ですね。

養老　文科系の人はそう見てしまうということを書いたこともあります。医学的なことは、ほかの分野の人ではなかなか気づかない場合が多い。あたかも人格や性格のように書いてしまう前に、多少は医学の常識を持っておいたほうがいいんじゃないかと感じます。個性とか性格とかその人に固定したものがあるという考え方は、もちろんあってもいいんですけど、個性なんてどんなものかわかったものじゃないし、環境次第で変わるものです。チェーホフは「風邪を引いても世界観は変わる。ゆえに世界観とは風邪の症状だ」と書いています。

福岡　人格や性格のような人間の本質のように言われていることも寄生虫ひとつでいかようにでも変わると考える方が、人生、ぼちぼち行こうという気になりますね。そのほうが希望がある。

養老　逆に捉える人が多いですよ。フィリピン戦線の末期に戦友を殺して食べる事件を書いている人が、あれは実話で、あれこそ人間の本性だという。でも、実話かどうかはさておき、ぼくはそうじゃないと思う。そういう極端な飢餓状態においたら仲間を殺して食べることもありうるのが人間です。確かにそれを本性というのかもしれないけれど、それは極端な状況にあるからであって、極端な状況で出てくる性質を本性というのはおかしいと思う。寄生虫がいるのと同じことです。寄生虫がいる状態が本性だというのはおかしいでしょう。

少し前に読んだ『昭和史の逆説』（井上寿一著、新潮新書）という本で、思想があってあの戦争に陥ったのではなく、同時多発的な偶然が重なった上での結果だということを言っている。

福岡　大事故の背景には細かい要因がたくさん存在しています。それがドミノ倒しのように連鎖して大事故になったというような因果律的思考は、実は動的平衡の考え方の対極にあります。平衡が次にどのような平衡状態に遷移するかはほんとうに偶然にすぎない。しかし物事が起きるのはどこかにもっと本質的な構造があってある種の必然がある、こう考えがちなのは人間の認識の幻想なんじゃないでしょうか。

養老　ストーリーじゃなくて、結局、偶然の積み重ねなんですよ。ただし、悪い偶然がいくつも重なった。それと同じような結論を出したのは数年前に西村肇さんと岡本達明さんが書かれた『水俣病の科学』（日本評論社）。アセトアルデヒドを水銀触媒で作っていた工場が、世界におそらく何千もあっただろうけど、あれだけの大惨事を起こしたのは日本のチッソだけだった。それはどうしてかということを、化学者が追究するんです。それによると、五つの独立した過程があって、その全部が悪いほうに転がって、あの事件が起こった。

そういう確率は非常に小さくて、普通ならどこかで止まったはず。飛行機事故なんか、まさにそうです。悪いことが重なった上で大事故が起こる。でも、四つも、五つも重なるというのは珍しい。だから大事件なんです、逆に。

福岡　それを、歴史の必然として語りうるかどうかということに対しては慎重さが必要ですよね。

養老　そうなんです。必然として語るということが、歴史の定番みたいになってしまっていますから。

福岡　本来は無関係な偶然なのに、後からレトロスペクティブに見ていかにも歴史の必然として「そういうことが起こるべくして起きた」と語ることが、歴史家の文体になっている。

養老　そのほうが納得しやすいからということなんでしょうね。頭に入れやすい。

福岡　生物を、実験したり、解剖したり、顕微鏡で覗（のぞ）いたりすると、「そうにちがいないと考えていたことが、実は全然そうはなってない！」ということのほうがいっぱいあるわけです。大切なのはそういう感覚が、もてるかもてないかです。見えるものはほんとうは見えないものであると。

V

福岡伸一

「せいめいのはなし」をめぐって

四人の方々との出会いで、私がいま、あらためて気づかされたこと、それを簡単にまとめておきたいと思います。

動的平衡の「拡張」について

順々に「はなし」を追って行きましょう。まずは内田樹(たつる)さん。経済活動や贈与に結び付けて動的平衡を考えてくれましたね。ただ、「動的平衡」の考え方をさまざまな分野にあてはめることに危険性はないのか、そんなこともたまに質問をされます。この「あてはめる」は「応用する」というよりも「拡張する」という言葉が適しているでしょう。

もう一度おさらいをしておきましょう。生命とは何か。二十世紀、DNAの構造解明で幕が切って落とされた分子生物学の大発展は生命を「自己複製できるシステム」と定義しました。ですが、生物に内在する動的なふるまい、それでいて恒常性を保つありかたに着目して生命を定義する立場を私は採っています。動的平衡というのは、生命のありよう、自然の振る舞い方について、たえまなく要素が変化、更新しながらもバランスを維持する系（システム）のことで、私が提言しているコンセプトです。絶え間なく要素は更新されている、あるいは、合成と分解のさなかにあって作り変えられているという意味で、増大するエントロピーを捨てつつ細胞は頑張ってくれている。

常に新しい一片のピースに取り換えられているにもかかわらず、なぜ全体としては恒常性、バランス、ある種の平衡が保てるのか。

それは個々の要素、入れ替わっている粒のレベルで考えればわかります。粒つぶは、原子のレベルまで下りれば粒つぶですけれども、これよりも、もう一歩解像度を緩めた分子のレベルでは、実はこの粒つぶが単に寄り集まっているのではなく、むしろ、ジグソーパズルが互いに他を認識し合いながら、補完し組み合わさっているような構造なのです。

常に新しいピースと交換されているけれども、そのピースとピースの関係性が保たれているから全体がつながっている、だからこそ全体の絵柄がそれほど大きくは変わらないでいられる。これが動的平衡の考え方です。この考え方のキーポイントは、絶え間なく入れ替わっているということと同時に、その要素と要素の関係性が相補的な関係性を保っているという、その関係の在り方です。生命体はそこにある。

このピースとピースの関係性というのは、実際の細胞と細胞の関係、あるいは、細胞をつくっているタンパク質とタンパク質の関係の相補性というものに生物学のレベルでは置き換えられています。

この関係性について、細胞と細胞が互いに空気を読み合っているとか、コミュニケーションをしているとか私は比喩(ひゆ)的に伝えますが、実際に行なわれているのはまず物質の交換、エネルギーの交換、それから情報の交換です。それが相補性をつないでいる。

ですから、動的平衡というコンセプトを、もし人間の集団や組織論に拡張して考えるとしたら、その要素をどのレベルに置くかが大切です。つまり、その相補的な関係をどういうものに置き換えるかというところに注意しないと、話が広がり過ぎたり、むやみになんでも置き換えることになってしまいます。

動的平衡の具体例

「拡張」でいえば、個々の生命体だけでなく地球環境全体も動的平衡を保つ系(システム)だと言えます。具体的になにを動的平衡とするかといえば、『芸術新潮』の「わたしが選ぶ日本遺産」(2010年1月号)で、私は「新宿ゴールデン街」を挙げました。ほかに渋谷のんべい横丁でも三軒茶屋や大井町駅周辺の飲み屋街でもいいんです。こう言うとどこで飲んでいるかバレますけれど（笑）。

ゴールデン街とは、戦後間もないころの闇市や何かの名残として、ああいう細い路地に小さい店がたくさんできた。間口がとても狭くて、二階は別の店が入っているという独特の構成や空気で成り立っている。でも、それこそがずっとゴールデン街をゴールデン街たらしめているのです。全体で見ればお店は結構入れ替わっており、新しいお店ができてもいますが、ある種のブランドを形成し、平衡状態にあるわけです。なぜかといえば、相補的な相互作用というものがちゃんと成り立っているからです。新しく入ってきたお店――新しく入ってきたジグソーパズルのピース、あるいは細胞、あるいは分子――が、それまでに成り立っているゴールデン街のしきたりや文化を尊重するという態度で入ってくるからです。

一方、既存の店も新入りのお店を、ある種、受容し、寛容な態度で見る。新しいものをすぐに排除するのではなくて、多少気に障るようなことがあったとしても、まだ新入りだからと多少は大目に見て受け入れるというふうな、そういう相補性が成立するところに動的平衡の関係が成立しているのです。

例えば学校や会社でも、毎年新入生が入ってきて、毎年卒業生が旅立っていく、ないしは新入社員が入ってきて、退職者がある。要素が入れ替わっているにもかかわらず、学校の校風や会社のブランドがある。

この「平衡」が保たれているなら、組織としての動的平衡があると考えられます。つまり、新入りは新入りとして郷に入っては郷に従えというルールを守るし、既存の人たちは新入りを多少は大目に見るという、ある種の寛容性で接しているからこそ、組織として保たれるわけです。個々の構成要因が相補的であるという視点が担保されていれば、動的平衡のコンセプトは組織論にも応用できるでしょう。

ほかにも、東京の築地市場は動的平衡にあると私は思っています。市場だけを切り取って豊洲に移せば同じ機能が豊洲にできるかというと、そうは思えない。私は築地の移転に反対なんですが、それは「築地」が保っている相補性、物質やエネルギーや情報の流れ、外部とのつながりというものが全部、切断されてしまうからです。その流れは全国の「築地」と名乗っているすし屋にまで、つながっている。たぶん、北海道のナントカ横丁にも「寿司割烹築地」というのはあると思う。それは見えない情報の糸でつながっているわけです。

つまり、担っている文化性も含めての相補性です。築地が移転することによって――「移植」とも呼べます――その関係性を豊洲では再構成できないですから、「築地」という動的平衡は絶たれて死を迎えます。「寿司豊洲」と言われて、感じることは同じでしょうか。

相補関係は時間の関数としてあり、大きく言えば文化の流れとして張り巡らされているものです。そこで起きていることは一回限りのことですが、長い時間レンジで眺めるとそこには固有の秩序や様式が保たれています。だから、内田さんのおっしゃる、ある種の交易や交換が、相補性で十分担保されていれば、組織論を動的平衡から説明しても間違いではないでしょう。担っているものの関係性をちゃんと見極めた上で、要素の粒がどこにあるかを見ることが肝要です。

建築家が興味を抱くこと

動的平衡については、建築の人たちがおもしろがってくれたことも印象的でした。隈研吾(くまけんご)さんや伊東豊雄(いとうとよお)さんなど、生命的なものを求めている建築家の方は多く、お会いすると刺激的でした。例えば、伊東豊雄さんの建築で、仙台市に「せんだいメディアテーク」があります。図書館やスタジオが入り、有機的な階層がきれいに並んでいる。あの建物に動的平衡のイメージを抱くひとも多いようです。他にも、同じ伊東豊雄さんのトッズ表参道ビルは、道沿いのケヤキ並木の幹の美しさを建築の構造体に生かして、ケヤキの枝がだんだん細くなる自然美を生かしていますし、ミキモト銀座2ビルのように、サーモンピンクの壁に不定形のガラスをパターン意匠様に埋め込みつつも、完全な幾何学的複製ではないものもある。

生命の複製は似ているけれども少しずつ、いびつで違います。例えば蜂の巣の六角形は、合同な六角形が、どこまでも広がっている幾何学的なイメージで考えますが、よく見ると実際の蜂の巣はみんな、ちょっとずついびつで少しずつ形が違い、端の方にいくと、小さくつぶれていくようになります。実際に女王蜂を育むための蜂の巣の穴は、ある特定のサイズと深さを持っており、女王蜂が生み出されるという特別な情報を担ってもいるわけです。

完全に幾何学的で工学的な発想とは、動的平衡は相いれないので、建築の本来の理念とはずれるかもしれません。ですが、建築の人たちには、新しい、できるだけ生命的なものを求めるトレンドというのがあるから、やりとりは非常に面白い。

建築の分野ではかつても生命的なものが求められた運動がありました。「メタボリズム運動」です。考え直す機運でもあるのか、六本木ヒルズの森美術館で二〇一一年に展示会をやっていましたね。一九六〇年代からの高度成長期の時代、大阪万博に向けて、建築は単なる箱ではなく何か細胞のように増殖していくものであるべしという理念の下に、流行った運動です。直訳すれば「新陳代謝」ですから、環境に適応して増殖する生命体のイメージでしょう。

その典型的な例は黒川紀章設計の銀座にある「中銀カプセルタワービル」（1972）です。カプセルホテルみたいなユニットが、にょきにょき生えてタワーができており、そのユニットには、デラックス、スーパーデラックスなどとグレードが違う部屋があって、当時としてはかっこいい感じですが、いまから見ると何か懐かしいという印象です。建築理念としては、そのカプセルが一つ一つの細胞のごとくメタボリズムするということでしたが、一度もしないうちに取り壊されそうになっています。分譲マンションで管理組合もあり、建て替えを決議していると聞きました。

もちろん評価基準はいくつもありますし、私が言っているのは生物学的な意味でどうかという視点に過ぎませんが、メタボリズム運動は、高度経済成長と共に失速して、万博と共についえたと言われています。動的平衡と同じ種類の生物学的コンセプトだったのですが、絶え間なく交換される粒のレベルを見間違えたように私は思います。動的平衡は、全体としては変わらず見えているのにもかかわらず、見えないミクロなレベルで入れ替わっていますが、入れ替わるカプセルの大きさが動的平衡ではない。

要素の粒のレベルが、もっと小さいものでこそ成り立つのです。だから、カプセルが入れ替わるのではなくて、カプセルを構成するもっとミクロなレベルの何かユニットや構造物が、少しずつ絶え間なく変わることができれば、メタボリズムの建築はできたのかもしれないけれども、そんな建築ができるかどうかは、残念ながら私にもわかりません。

伊勢神宮の式年遷宮

ある建築の集会に呼ばれたときに、生命的な建築とは何かといろいろな例が出てきて、その中に伊勢神宮という意見がありました。

伊勢神宮は、「式年遷宮」といって二十年に一回ずつ社殿を建て替えるから生命的だと言うんですけれども、動的平衡から見ると、それは全然生命的ではない。全取り換えをしているわけですから。

ある一定の期間に全取り換えをするのではなく、その姿が平衡としてありながらも、見えないレベルで絶え間なく更新しているということが動的平衡なのであって、その流れのレベルを見間違えると錯誤に陥る気がします。

そもそも大学の建築学科が工学部に含まれることが多いことに表れているように、建築系は生物系の人とはちょっと種類が違います。生物系の人って、どちらかというと数学があまり得意じゃない人が集まっていて、柔らかいもの、ウエットなものとして対象を研究している。工学部の人は、数学が得意で、構造的に、あるいは設計的にものを見ています。設計的というのは鳥瞰的で、細かな材も、全体の中で決めるということです。一方の生物学者は鳥瞰的に見ているわけではない。鳥瞰的に見ると統一的に見えるけれども、実は細胞一つ一つは全体の図を持っているわけではなくて、発生的に関係性を少しずつ伸ばしながら、絵のないジグソーパズルをつくるように、全部がぞわぞわっと広がっていくわけです。

そういう意味でも、工学部の発想から始まったかっこ付きの「メタボリズム運動」は、生物学的な動的平衡の粒のレベル、流れのレベルを読み間違ったが故に、ちょっと誤解をしてしまったのかもしれません。メタボリズムについては未来の都市像をつくりあげねばならなかった時代背景も大きいですし、黒川紀章さんがもっと生物学を勉強していらしたら違ってきたのかもしれませんね。

隈研吾さんと話していたら、そういう反省の上にあるのかどうか、もっと細かいものを建築物のパーツとして考えているとのことでした。実物を見せてもらったのですが、手のひらサイズの木を寄木細工のようにはめると、堅牢な柱になったり、壁になったりして、どこでもというわけではないけれど、着脱自由らしいのです。「考える料理」の「どんぶり建築論」（『考える人』２０１１年秋号）の隈さんの記事にもありましたね。中華料理のコツは材料を細かく等分に切ることだと聞いてはっと気づかれたそうです。材料と環境の構成要素の寸法をそろえることで、人間の身体性と材料の特性の妥協点を見出すのだということを、おっしゃっていました。

普通の建築物は一回つくると、なかなか柱や梁は、それこそ抜けない。でも、一個を抜いてもほかが支えているという構造が成され、基準となるミクロな粒のレベルがもっと小さいレベルになっていくように変えることができたら、生命的な建築というのは成り立ちます。

可変的に次元を下げることができたらどうなるのか楽しみです。それを日本を代表する隈研吾さんや伊東豊雄さんといった建築家たちが考え始めている。ここに「動的平衡建築」ができる可能性があるんじゃないかと思います。

ES細胞にバラ色の未来はあるか

細胞に話を戻しましょう。前後、左右、上下の細胞とお互いコミュニケーションが取れなくなって、空気が読めなくなった細胞をＥＳ細胞だと話しました。「ＥＳ細胞に、バラ色の未来を描くことについて、私は非常に懐疑的です」と話していますが、細胞の根源的な特性を表すテーマなので追記しておきましょう。

いまやＥＳ細胞、あるいはＥＳ細胞を人工的につくり出したｉＰＳ細胞というものが非常に注目されています。きっかけを与えてやれば何か、脳細胞や神経細胞、心臓の細胞になり得るはずのものだからこそ、再生医療の切り札として非常に注目されているわけです。ところが、これは何にでもなり得る能力、万能性を持っているにもかかわらず、何にもなれず自分探しをずっと続けているものとも言えます。そうなると、内田さんや川上さんとのお話にも出ましたが、ガン細胞と非常に似ています。

ガン細胞は、いったんは何者かになったわけです。肝臓の細胞になった、あるいは、心臓の細胞になった、とつまりは自己実現をし、自分を探し出せたわけですよね。それは関係性の中で自分を規定できたということなわけですけれども、あるとき、ふと、われわれを忘れて自分が何者であったのかがわからなくなり、未分化状態に戻ってしまった。つまり、肝臓だったら肝臓の仕事をしていたのが、肝臓の仕事に専門化するのをやめて未分化状態、これから何にでもなり得るような無個性な状態に戻って、増えることだけはやめないような段階になってしまったのが、ガン細胞なのです。

だから、ガン細胞が何にでもなり得るはずの状態に戻ってしまって増え続けているのと、これから何者かになるんだけどもなりきれずに増え続けているES細胞やiPS細胞とは、ある種非常に「似ている」。これは生物学的には非常に興味深いことです。

二つの細胞の中で共通していることは、時間を関数として細胞が動いていないことです。細胞が何かにどんどんなり変わっているのではなく、足踏みをしている。

発生の過程で、細胞は何者になるかを決めて、コミュニケーションをしながら、一瞬も立ち止まらずに自分の役割を定めていくはずです。にもかかわらず、あるところで立ち止まって足踏みをしているという点で、ガン細胞とES細胞、iPS細胞は似ているわけです。

では、なぜ、時計を止めて立ち止まっていられるのか。これは完全にブラックボックスです。本来であれば、細胞は全て時間を関数として何かに変化していくはずなのに、同じ状態、万能性を保有しつつも何にもならないで立ち止まっている。それでいて増えることはやめていないという状態にとどまれるというのは非常に不思議なことなんです。

特にiPS細胞は、いったん分化した細胞を戻して、そういう状態にしています。だから、それは、ガンが無個性になっているのと非常に似ている。

ほとんどの細胞は、ばらばらにされるとコミュニケーションが失われて死んでしまうのに、ES細胞は、そこからどんどん分化していき、胎児細胞の一歩手前の胚の細胞の中から、死なずに生き続ける。そして分裂し続けるけど、何者にもなれないというところに立ち止まっている。

そういうものがたまたま現れるのはなぜかということについては全然、解明できていません。その辺が生物学的に解明されないと、何が起こるかやっぱりわからない。

もし、ガン細胞にこっそり耳打ちして、「君は、もともと肝臓の細胞だったから、われを思い出しなさい」と言って、ガン細胞が、はっと「ああ、そうだ、私は肝臓の細胞だったじゃないか」と言って肝臓の細胞に戻れば、ガンは治る。

あるいは、肝臓ガンの細胞が、はっと、われを取り戻して、肝臓に戻れなくても何か筋肉の細胞になりさえすれば、それはそれで、また自分の道を見つけて全体の中のコミュニケーションの中に入れるので、むやみに増えて宿主を殺してしまうことはない。

でも、そんな治療法は百年間ガンの研究をしていて、いまだに見つけることができていない。とにかく殺すか取り除くしか、ガン細胞をやっつけることはできないのですが、もともと、ガン細胞は自分の細胞なので、何かやっつけようとすれば当然、正常な細胞もダメージを受けるし、取り除こうとしても幾つかは残ってしまうということが、ガン治療の難しさになっているわけです。

未分化状態にいる細胞を私たちは十分知らないし、コントロールできていません。ES細胞、iPS細胞についても、まだまだわからないことがあるので、応用を急ぎ過ぎてはいけないと思います。

もちろん、新しい治療を待っておられる患者さんが、たくさんいるのはよくわかっているし、期待もしているのですが、そもそも応用が短兵急に進むことにはならないかもしれない。だから「バラ色の未来かはわからない」としか言いようがない。急ぎ過ぎるなということです。そういうブラックボックスが残っているということについて、ちょっと注意が必要なんじゃないかと思うわけです。

内田さんの発言にたじろいだ

科学者というのは、結局、自分たち自身の肖像を見ているのではないかと内田さんがおっしゃったのは面白い表現でした。これは言い当てられて、たじろいだという感じのところで、ちょっと有効なジャブが繰り出せなかったところであります、はい。さすが内田先生、というところでした(笑)。科学は非常に客観的な営みのように見えますが、非常に個人的な営みなんです。自分が何を知りたくて、どう解明していくかは非常に個人的なものだと、科学をやればやるほど感じます。

それは文学とか、芸術とか、哲学とか、そういうことにも通じているでしょうか。つまり、この世界の在り方とか、自然の仕組みとか、生命の振る舞い方を捉えたいと、みんな思っている。それをどういう方法で描くかというのは、それぞれの画家に任されているのと同じように、それぞれの科学者に任されているわけです。

だから、科学の在り方も、みんなが同じデータを共有しているように見える客観的な側面は、もちろんあるのですが、どういう方法でこの世界の成り立ちを解明していくかということに関しては、自分の映し鏡というか、自画像を描いているように思えることはありまして、それを内田さんに言い当てられました。

例えば、展示会でジャクソン・ポロックの絵画を見ました。アクション・ペインティングと言って、何か色をぱぱぱっと振りまいて、その上をインクを垂らしながら動かしているような絵があって、これがポロックの世界の記述なんです。何かこう、むにゃむにゃむにゃという非常に抽象的な絵です。

それを私がどう思ったかというと、チョウが飛んでいるのを網を持って一生懸命追い掛け回している、その網の軌跡がそのまま描かれているように見えたんです。

つまり、この自然をどうやって捉えるかというのは、網を持って虫を追い掛け回すような、動的なことで、その網でチョウが取れたか取れなかったかというのは結果です。それよりも、どういうふうに、この動きを記述したかが大事なんじゃないかと。

自分自身の在り方をポロックは絵の中に示した。それを見た私は、その動きを自分のものに引き寄せて、自分の頭の中で、ああ、これは網を振っているところだなと考えた。つまり、結局、自分のサイズでしか科学者も科学をできないし、芸術家も芸術を描けない。内田さんは、カニは自分の甲羅と同じサイズの穴を掘るとどこかでおっしゃっていましたが、カニがお好きなのかもしれない（笑）。

それは結局、科学者が自分の自画像しか描けない、芸術家も自分の自画像しか描けない――内田さんは何だろう、哲学者ですかね――内田さんという哲学者は自分のサイズの哲学しかできないとおっしゃることと、非常に相通じる言明だなと思いました。

何と言うか、恐れ入りました、です（笑）。

内田さんは非常に陽気におしゃべりされる方で、話していて楽しいですよね。面白い本をたくさんお書きになって、タイトルを付ける名人だと思うんですけど、私が一番気に入っているのは『先生はえらい』というやつです。まさに内田先生はえらいなとお会いするたびに思う。つまり、先生は生徒にえらいと思わせるときが先生になった瞬間だと。

何か中国の高名な師が、弟子の目の前で二回も靴を落として、弟子が二度目にその意味を深く考察するという逸話がありました。本当は意味なんてないのかもしれないのだけれども、弟子は、これはいったい何を意味しているのかと考えた。意味を掘り下げさせたところに意味があるというところで、いつも先生として在り続けていきます。内田さんを見るたびに、「ああ、先生はえらい」と、こう両手を合わせて合掌してしまいます（笑）。

ミトコンドリアの呼吸作用

川上さんとは、チョウとウニで話が始まりました。生物学系同士のせいか、話していて居心地がいいと勝手に思っています。

生物学というものは、一般的には何か暗記科目だと思われています。川上さんは生物学者であり、生物の先生でもあり、生物の面白さを私とはまた違う方向から考えておられると思うんですが、生物学の面白さというのは——本当は何学でも同じだと思うんですけれども——知識ではなくて、その知識の成り立ちのプロセス、気づきの面白さだと思うんです。

例えば、細胞がここにあるとします。細胞の中にはミトコンドリアがあります。ミトコンドリアとは何でしょう。

細胞の中の呼吸作用、私たちが息を吸う呼吸ではなくて、酸素を燃焼させてエネルギーを生み出すためのエネルギー装置としてミトコンドリアはあります、というふうに、教科書的には覚えます。そして試験に出たときに、「ミトコンドリアの機能は何ですか」、「A. 呼吸作用」に線を引いて結ぶようなことで、完結してしまうんです。

私たちは——川上さんを、「たち」と含めてはいけないんですが——実は、そこから始まるんです。つまり、ミトコンドリアって、これまた変な語感だなというところから。ミトコンドリアって誰が最初に、この言葉をつけたのだろう？　たどっていくと、オタク的な——川上さんはオタクじゃないかもしれないけど——ある種の精神的な傾向として、川を見たら源流を探りたくなる。川上さんは川の上だから、当然、源流を探りたくなると思いますし（笑）。

つまり、ミトコンドリアという言葉を聞いたら、いったい誰が、どういう意図で、このものをミトコンドリアと呼んだのか、という戸のたたき方があると思うんです。実は生物学を学ぶというのは、いまから百年ぐらい前にそういうところから始まっている。

レーウェンフックがつくった顕微鏡は三百五十年前で、それは本当にレンズが丸い玉一個だけで、それで必死に見ていたんだけど、それを組み合わせて改良していきます。倍率を上げると視野が暗くなるので、いかに光を集めて小さいものを見るか。そして、レンズの倍率を上げれば上げるほど、レンズのひずみが大きくなるので、視野が暗くなることとレンズのひずみとのせめぎあいだったはずです。

Google Earth みたいに、ビューンとやったら、どこまでも小さくなって、しかも、どこまでもミクロなものが見えて、しかも同じ明るさでズームが上下する。あんなことはバーチャルの世界でしかおこりません。さて、百五十年ぐらい前には、おおよそ細胞の様子が見える顕微鏡ができていた。

その顕微鏡をのぞいた人が、細胞の中に糸くずが絡（から）まっているようなものを見たわけです。ミトコンドリア（mitochondria）の「mito-」は「糸」という意味で、「-chondria」は「粒」の複数形ということらしい。糸のような粒つぶが見えたのでミトコンドリアと呼んだ。

じゃあ、どうして細胞の中に糸くずがある？　それは糸くずのように見えるんだけれども、さらに、いろいろな人が細胞を薄くして見ると、どこを切っても糸のように見える。どこを切っても同じような糸に見えるということは、その糸に厚みがあるということで、実は、きしめんみたいなものが、行ったり来たりしていて、それを切っているから糸のように見えている。

じゃあ、何で、きしめんが細胞の中に折りたたまれているのか。それは細胞の中の、すごく小さなスペースに、できるだけ面積を稼ぎたいが故に、折りたたまれ構造がある。じゃあ、面積は何のために稼がれているのか。それは表面上で、たくさんの酵素が効率よくエネルギーを産生するために並んでいて、そこにある酵素は、呼吸のための酸化酵素であるとなると、だんだん細胞の中のミトコンドリアの維持システムがわかってくる。例えば、精子の細胞みたいに遠くに泳いでいかなければいけないようなやつは、実はミトコンドリアだらけなんですよ。細胞の中、あの尻尾(しっぽ)のところあたりです。そのために、ああいう推進力が出るということが、だんだんわかってきた。

「細胞の中にはミトコンドリアがあって、そのミトコンドリアは呼吸作用をつかさどっている」という教科書の、その一行を言うために、膨大な科学者たちの切実な、

「知りたい」という思いが詰まっているのです。

生物学を勉強することは、こんな時間旅行をするというようなものだと思います。

ウニの研究で想像できること

川上さんが生物学者として専門にされていたウニ類の研究は、細胞がどうやって多細胞化していって、どの細胞が何になっていくかの、まさにその分化のプロセスが待ったなしに進んでいくのを何回も何回も見ることだったと思います。待ったなしなのでそれは止められない。ＥＳ細胞みたいに立ち止まってくれるやつがいたら、よかったんだけど、ウニの分化は、精子と卵子が結合したら秒単位で進んでいくのです。それをもう百年以上、さまざまな観点で観察した人たちの歴史が、ウニの中に折りたたまれているわけです。

だから、川上さんが時間や、物語の中に折りたたまれているものを解き開いていく営みの中には、科学者の自画像じゃないですが、川上さんの自画像として、ウニの卵が発生して、柔らかいものがとてつもなく奇妙なものに形を変えていく過程を見守る視点があると思います。

ウニは細胞が分化していくと、まず細胞の塊になるんですが、その後、細胞の塊が中空構造のボールみたいになるんです。お団子の皮みたいになって、今度は、ある一点がくびれて内側に入っていって、壺みたいなのができる。次に壺の底が反対側の皮とくっついて、そこが向こうに陥入して、ボールの中に穴ができるんです。それが消化管の始まり。それがミルフィーユみたいに折りたたまれていって形をつくっていくという、もう、それは、たぶん一度見たら文字通り目が離せない過程を進みます。ウニになるまでに、奇妙なプロセスをたどるんですが、最後まで見届けても途中がわからないくらいです。

ウニの発生は、本当に美しいのです。細胞がきらきら輝きながら次々と、卵割と言って一つの細胞が二つに分かれ、それが四つに分かれていくというシーンは奇跡のようです。人間はそこにまったく介入できないし、もし介入すれば、それを損ねてしまう以外のことはない。生命の精妙さを感じないではいられない光景です。

小林秀雄(ひでお)は「美しい『花』がある、『花』の美しさという様なものはない」と言いました。きちんと理解できているかわかりませんが、そのままに受け止めれば、むしろ「美しいウニなどない、ウニの美しさがある」と言った方がわかりやすいかもしれない。

つまり、美しさというのは、そこに客観的にあるのではなくて、その動的なウニの発生みたいなものを見たときに、私の内部に立ち上がる作用として現れる。

だから、そんなものをずっと見ていたら、その自画像として、やっぱり優れた小説家が出てきたとしても全然、私は驚かないのです。「時間は止められない」ことを前提としているように思います。こちらが思っているだけかもしれないけど、川上さんとは、時間の概念を共有できる気がしています。

時間は物事の変容としてしか捉えられないし、時間は、何か時計とかカレンダーとか、実在するようなものとしてあると、私たちは思っていますけれども、本当は時間なんてどこにもないんです。ウニの受精卵が次々と分かれて、形がつくられていくというプロセスが逆戻りしない、ある一方向の変容でしかない。そこでは目にも留まらない速さで次々と新しい万華鏡的な世界が現れていく。

川上さんもこのような動的な世界観に賛成と言ってくれると思うのです。言葉では言えても、実感として賛成できる人というのは、そういないでしょう。でも、虫をずっと見てきた人は賛成してくれると思います。養老さんも賛成してくださるんじゃないでしょうか。

全てのウニは同じように変化していくにもかかわらず、二度と同じ変化はないというところに、時間の実在性を顕微鏡を見ていたら感じるわけです。だから、川上さんの時間というのは、そういうものの実在としてあるんじゃないでしょうか。面白いことです。科学者の自画像なんだというのが、またしても証明されてしまいました。

生物学的センス

もうだいぶ前になるんですが、電車に乗ってぼんやりしていたら、美しい女の人が目の前に立ったんです。その人は赤いコートを着て、青いきれいな靴を履いて、かっこいいハンドバッグを持っていて、いずれもすごく高価そうな、自他共に認める、おしゃれさんというような美女でした。そのまま私は電車を降りて大学に来て、何となく、あの着こなしは変だなと、引っ掛かるものがあった。でも、それが何かなかなかわからなかったのが、あるとき、ふとわかった。

チョウだったら、絶対あの色の取り合わせはしません。つまり自然だったらチョウも虫なので、あの取り合わせはしない。ミイロタテハという三つの色を華麗に着こなしているタテハチョウが南米にいるんです。その三色は赤と青と紫だったりするんですが、それは見事だし、いろいろなバージョンがある。でも絶対に、あの電車の中の美女のような色の組み合わせを、自然は採用していない。

「人生にとって大切なことは全て虫から学んだ」んです(笑)。美意識の決定的な刷り込みは、そういう子どものころに見たウニの卵割とか、虫の発生とか、虫の変容とか、あるいは変態、とかヘンタイみたいに聞こえるとこまりますが、そういうところで出来上がる。あるものを見て美しい、それに賛成してくれるかどうかというのは、何かその辺で決まるので、そこを論争しても仕方がないのですが、同じようなものに美しさを感じてくれる人と出会えるとうれしいなと。この人も、きっと何か子どものころに私が見たのと同じようなチョウやカミキリムシを美しいと思ったんだろうなという気がします。

これを「生物学的センス」と私は勝手に呼んでいます。文科系の中にこのセンスをお持ちの方も多いので文科系理科系と早くに分けてしまうのはもったいないとさえ思います。私の感覚で断定してしまうなら、「美しいものと美しくないものを見分けるセンス」ですが、たとえば空間の中で三次元的なものが別の角度から見るとどう見えるかわかるセンス、細胞を切ったらどう見えるか想像できるセンス。脳内にCTスキャナーがあって、断面や別の角度からものを見られるような能力も生物学的センスと呼ぶことができます。

川上さんの文章の生き物の表現はやはり生物学者だからこそです。あんな風に書ける人はいないでしょう。あの人の文章の独特の色気がそこにあると思います。ちまたには、生物が抜け落ちている小説が本当に、山のように多い。

そういえば、川上さんとは大変面白くお話ししたんですが、特に最後の「三高」というところが面白いなと思い返していたんです。はたと気づいたことは、三つの高さがあるならば、三つの低さがあると川上さんはおっしゃったわけですが、よく考えてみると、三つの高みをつくるためには、動的平衡の観点から言って、四つの低さがないといけない。

三高が高学歴、高身長、高収入だったら、その男の陰の顔には、マザコン、ＤＶ、浮気、浪費みたいな四つの低さがあって、それが遠からず現れてきて、三つの高さと平衡状態を取って、こう、ぬめぬめと動いていくんじゃないかというふうに、三高には四低が付きものですよと、川上さんにお伝えできたらと思っています（笑）。「福岡さんがいらしてよかったです」の言葉は、その辺を共有できるからだと勝手に解釈させていただいています。

ナードの女神、登場

朝吹真理子さん、あれで二十代というから驚きます。四十代のころにはどうなっているのだろうと想像すると、恐るべき才能です。まだまだ、これから吸収していかれるでしょうし、もうちょっと壊れるところが出てきたり、そこから生まれることがあったり、これから大いに変わって行かれるでしょうね。

川上さんと同様に、川を見たら源流をさかのぼりたくなり、ミトコンドリアと聞けば、「ミト」とは何かを探求したくなるようなオタク的な人生を私は歩んできたわけです。英語で言うと nerd（ナード）と呼ばれる「オタク」ですね。ナードはもてないんです。これは全世界的な共通原理らしくて、「Why Nerds are Unpopular」っていう有名なエッセーがアメリカにはあるそうでございます（2003）。それはまあさておき、そういうナードに対して、フェルメールのことや顕微鏡のことなどをいろいろと朝吹さんのような方がお話ししてくれたのは大変、光栄でございました。「ナードの女神」と呼びたいです（笑）。

不思議なことに、なぜか朝吹さんの内部にもそのナード的な感性があって、ウーパールーパーとか、地層とか、ベント生物とか、何か不思議な――それは私に合わせてくれているのかもしれないけど——ナード的な感性がある。

拙著『フェルメール　光の王国』にまとめましたが、レーウェンフックの顕微鏡を見て、そのレーウェンフックのふるさとと同時代の十七世紀に時間旅行をしてみると、同時期にフェルメールがいて、二人は友達だったのではないかと考えられます。

レーウェンフックは精子を一番初めに見た人で、最初は精液の中に虫がいっぱいいるようよしているので、自分が大変な病気になっているんじゃないか、あるいは、腐敗しているからこうなっているんじゃないかと心配します。できるだけ新鮮な精液を見ようとして、「六を数えるうち」に見たという記述があるといいます。この記述がまたナードなんですけどね。そんなこと、誰も聞いていないし書かなくてもいいことですし（笑）。

でも、それをするためには、自分でやったか、精子を見せ合うほど近しい友達がいたかで、だとすればそれはフェルメールではないかと、二人は精子を見せ合っていた仲ではないかというぐらいの勢いでフェルメールのことも好きになってしまいました。

三十七点しかないフェルメール作品は、これまたオタク心をくすぐるものです。コンプリートへの希求を触発されて世界中を旅し、それぞれの美術館に出掛けていってフェルメールを見ると、それぞれの作品がそこに至り来たった軌跡に思いをはせることになり、また時間旅行が続いていきました。

三十七点中、三十四点までを見て思ったのは、フェルメール自身の旅路です。『青いターバンの少女』をフェルメールの代表作、The Vermeer（フェルメール）だと言う人が多いですが、最初からあんなにうまかったわけではなくて、むしろ下手だった。自分がどんな絵を描くべきか二十代のころは迷っていた。それで、だんだん絵のサイズを小さくしていきます。フェルメール自身の旅路を知るためには、その流れを見ないとわからない。二十歳そこそこで画業を目指して、四十三歳でおそらくは急死してしまったんですけれども、その間に描いた三十七点が現存し、それは世界中に宝石のように散らばっているわけです。

でも、それを描いた順番に一堂に壁に並べてみて、その前を行きつ戻りつしながら、「このころに転換点があったんだな」とか、「この絵とこの絵は同時期に描かれたんだな」とか「ここでまたあの黄色いガウンを使っているな」っていろいろなことを考えながら見ることができたら、どんなに素晴らしいかなと、ナードとしては考えてしまった。

とはいっても、フェルメールの絵は、一点で何百億円もするもので、全部をお借りするなんて不可能ですし、門外不出の作品もあるし、盗難にあってしまったものもあるしで、現実的にはもちろんできっこない。でも、非現実的ならば、つまりバーチャルならば、できるのではないだろうかと、ふと思いつきました。

絵をスキャニングした画像データがデルフトのフェルメールのアーカイブセンターにあるので、それをお借りして絵を再現して、特にフェルメールが描いたころの色や質感を取り戻しつつ、原寸大で、かつ、それぞれの美術館が持っている額を掛けてつくり直してはどうか。画集で見ると、どんな額に入っているかどんな壁に掛かっているかという周辺情報はえられません。

「そういうのを全部一つの部屋に並べちゃったら、どんなに素晴らしいだろう」と、それを実現してしまったのが「フェルメール・センター銀座」という一種のテーマパークです。キャンバスに下塗りを二回し、特殊なインクジェットで塗り付けているので、絵の層構造というものが、油絵そのものではないけれども、単にカレンダーに印刷したみたいなものとは違う厚みのあるものとして再現できました。これを私は、リ・クリエイトと呼んでいます。いわばデジタル修復・再生です。実際並べてみると壮観です。フェルメール自身の旅路がわかり、フェルメール自身の魂の遍歴をつかめました。

もちろん、こんなの偽物（にせもの）で、単なる複製じゃないかという意見はあると思います。

でも、ここで「美しいウニなどない、ウニの美しさがある」という、先ほどの言明が再び思い出されます。絵を見ることとは、その絵に差し込んだ光線やこちらに反射してきたものが私の脳の中につくり出した効果でしかないともいえるわけです。もちろん本物を見ることによって生み出される効果が前提ですが、レプリカでも、技術的に高いものであれば、互いに隣の絵と関係を保ちながら相互作用で立ち現れてくる動的な平衡というものがある。それを私の脳が捉えたときに私の中に立ち上がってくるものが、フェルメールを本当に楽しむということなのではないかなと。

だから、非常に大胆に言えば、あれは新しい絵の見方のご提案です。技術的な面も含めてひとつの試みとして、面白く受け止めていただければと思うのです。幼少時には、虫取り網片手に一生懸命見詰めていたカミキリムシやチョウの美しさから始まり、その卵が顕微鏡に私を導き、その顕微鏡がレーウェンフックへ、オランダのデルフトへ、そしてフェルメールに私をたぐり寄せてくれ、いまやフェルメールを全部コンプリートしたい、とつながっていく。とうとうこんなところまで導いてきてくれました。遠くまで来ました（笑）。

記憶をめぐるものがたり

ここまで導いてくれた記憶のことを、掘り下げて考えてみましょうか。

私が「私」であること、一貫性や自己同一性というものを、人間はとても大切にし、自己実現を目指して生きています。

生物学的には、「私」というものの物質的な実態というのは、絶え間のない交換の中にあるので、少しずつ変容している。それは指紋だろうが網膜や虹彩だろうが記憶だろうが、徐々に変容されて、いまつくり直されているものです。

「本人さま確認」というのは、生物学的にはできません。銀行で「ご本人さまですか」と聞かれます。免許を見せたり、生年月日を言ったり、電話番号を言ったりしてごまかしているけれども、そんなものは何のよすがにもならないものです。

ある人Aと、いま銀行の窓口に現れているAと称する人とが別人であるということは立証できます。DNA鑑定やら網膜の走行パターンの違いやらで別人であるということは、ある程度言明できる。でも同一人物であるということは結局、確率的にしか言えません。そういう意味で、本当に私は「私」であるという本性を言い当てることはできず、常に指紋や記憶といった属性でしか自分というのは規定できないのです。

人間というのは、そのあまりのはかなさゆえに、動的なもの、揺らいでいるもの、流れゆくものにあらがいたいのでしょう。そこに文学のよりどころもあるのではないか。つまり「書きとどめる」ということは、それぞれの時間に錘(おもり)をつける、ということです。これは歌人の永田紅(こう)さんの言葉ですが。日記を書いてその日一日に錘をつけるわけだし、随筆なのか小説のかたちで書くのか何かを書き残すことによって、流れてゆく一瞬一瞬の状態、そのときに立ち上がった自分の思いや記憶をとどめようとする。

朝吹さんは、あえてそれにあらがわずに、その流れとしての記憶が抱えている時間そのものを、行ったり来たりたゆたいながら書いていらっしゃるという印象を持っているんです。

それで思い出したのは、カズオ・イシグロです。もう一年ほど前にたまたま本人が日本に来たときにＮＨＫの番組で対談をしました。そのテーマも「記憶」だったんです。彼の最初の作品は『遠い山なみの光』という長崎の話です。彼は五歳まで長崎にいて、その後父親の仕事の関係でずっとイギリスに育ち、イギリス語がほとんど母語になっていきます。それどころかイギリス語で書く作家になって、日本語をほとんど忘れてしまったとのことでした。

ですが、五歳までの長崎の記憶というのは、彼にとってとても大切なものだったのでしょう。それが色濃く出ているのが「遠い山なみの記憶」。タイトルは『遠い山なみの光』ですが、あのお話は「遠い山なみの記憶」のことなんです。

彼は、イギリスに日本人の両親と一緒に移り住んでしばらくは、「来年は帰るよ」と言われ続けていたそうです。ちょっとした小旅行の感じでイギリスに滞在している、のだけれどもあまり毎年言われ続けているので、「そろそろこれは帰れないかもしれない」と、中学生ぐらいまでにはだんだん腹を決めていったそうです。

そうなると、自分が日本にいたときの記憶が曖昧になっていき、むしろビデオで見た小津安二郎の映画や、おじいさんが送ってくれる日本語の本なんかで日本の記憶がつながり始め、自分の記憶というものも、だんだん想像世界との境界があいまいになっていく。それを何とかつなぎ留めるために小説を書き始めたというのです。

言葉というのは、自己同一性をどう担保していくかの道具なのでしょう。動的平衡の産物として生物学的に私たちがあり得ているにもかかわらず、「自分」というのはどんどん変わっていき一年前の自分は「自分」ではない。約束なんかは守らなくてもいいし、後悔なんかもしなくてもいい——それが生物の本性だとしても、そこに時間軸を持って、「自分は自分」を支える唯一のよすがとなるものが記憶なのです。

その記憶ですら常に書き換えられ、変容していくということにどう対峙していくか。文学の存在意義のひとつはそこだと思う。朝吹さんは、あんなに若いのに、そこにすごくコンシャスです。あえてあらがわずに、時間の流れの中で、記憶の在り方や変容の仕方を書きとどめていこうとしているというところに彼女の真骨頂がある。これまた、尊敬の気持ちをこめて、拝まないといけません（笑）。

朝吹さんは、うまくこちらが言おうとしていることをすくい取って言葉にしてくれます。反応性が高い方です。それでいて、何かちょっと天然ぽいというと失礼でしょうか、かわいらしい方ですよね。これは性別や年齢とは別の、五十歳になってもいくつになってもあまり変わらないその人の持つ何かそういう「かわいらしさ」です。生きる速度がゆっくりめで、同調しやすい空気感をお持ちです。「ウーパールーパーですね」という一言に、聡明さや天然の「かわいらしさ」が凝縮されている気がしました。

世界をどう見るか

この世界というものを見るときに「世界を捉える」「記述する」という願いを持つ

と、私たちの在り方、ないしは立場には、大きく言うと二通りあると思うんです。

一つは、世界の成り立ち、宇宙の原則、生命の仕組みというものの裏には非常に美しい隠された幾何学的な秩序があって、明確な摂理や因果関係があるというピタゴラス的なイデア論での見方です。

数学的な原理というのは、それを頭の中で見つけ出そうという営みです。だからこそ、形而上学的に、純粋な幾何学的な構造がこうだということを、よりピュアなものにしていくわけです。

もう一つの立場は、世界は止まっておらず、動的なものなので、常に運動しているものだという見方です。秩序は一瞬現れては消え、現れては消えるもので、もっとぐにゅぐにゅしたあいまいなもので、幾何学的な秩序に近づくこともあるし、遠ざかることもある。その運動の中にこそ美しさがあり、世界の成り立ちの面白さもあるという動的な立場です。

私は虫と親しんだりしながら、動的な立場というものを、いまは選び取っています。だから幾何学的な構造が物事の背後にあるという考え方に純粋化すると、その生命のずれとか、生物が本来的に持っている遊びとか、サボリとか許し、寛容さといったものを見失ってしまうのではないかと思うのです。

数学というのは、人間の精神の在り方として一つの純粋を求める在り方としてはいいんですが、あまりにもその在り方で世界を記述し尽くしてしまうと、こぼれ落ちてしまうものがある気がします。もっとあいまいで緩いものを見失ってしまい、切り捨ててしまうような気がするのです。

数学から自然はつくれない。なのに、それが当たり前ではなくなっているという話になりましたが、建築というものが生命化できるかということと関係しています。建築を考えるときに、世界を設計的なものと見るか、発生的なものとして見るかということの違いにも共通します。この世界を見る、あるいは生命を見るときに、鳥瞰的なバーズアイで見ると非常に精妙にできているので、何か設計されたように見えるわけです。設計図があって、そのとおりに非常にうまく因果が整えられて摂理があるように見える。

でも、事後的にその視点を持って見ているからそう見えるのであって、実は生命というのは、ある一点から、もこもこと、ちょっとずつ、ちょっとずつ、関係性を伸ばしながら、かびが生えていくみたいに広がっていって、その関係性が取り持ったものです。隠された明確で幾何学的な秩序があるように見えるけれど、それは人間が勝手につくりだしたもので、世界を止めてみたときに一瞬そういうパターンが見えるだけなのです。

時間の関数として発生していったものを、時間を止めて後からのぞき込むと設計的に見える――この世界の背後にある静的な秩序と、絶え間なく動いている動的なものという、ふたつの対比は、設計的にこの世を見るか、動的な、発生的なものとして、この世を見るかということの対比との、相似形だと思います。

その辺が面白いところだけれども、あまりにも世界を数学的な、幾何学的な因果律で見ることの危惧（きぐ）については、朝吹さんにも私にも、いや、他の三人も含めてこの本に登場する方全員に留保があるんじゃないでしょうか。

朝吹さんと私でいえば、どちらかというと動的なものの見方に親和性があって、でも一方で秩序の美ということについてもわかっている。朝吹さんは、将棋や羽生（はぶ）さんの頭の中にあるようなものが、いったいどんなものなのかと知りたくて、憧（あこが）れる。羽生さんの話を聞いてみると、羽生さんの中にあるものは意外とぼんやりした動的なものでもあるわけです。

その辺の加減が一致しているから、話していて親和性を感じるんでしょう。どちらがいいというわけではなくて、その間を往還するということだと思うんです。それでもより大切な方は動的なものではないかということだと思うんですけれども。

虫屋という同じ穴のむじな

養老さんとは虫のことで最初からずっと盛り上がりました。解剖学者は生物学者ではないですが、同じ生物を見てきたという大枠では同じです。

違う部分ももちろんありますし、私と比べるのは大変僭越なのですが、養老さんは肩の力が抜けていて、いつもたばこを吸ってわれ関せず（笑）。ですが、一直線にあいうスタイルに行ったわけではなく紆余曲折があってこそ、あのスタンスに達していらっしゃる。

私もいまは偉そうに動的平衡なんて唱えていますが、最初からそうだったわけではなく、どちらかというと、最初は、バリバリの機械論者、還元主義者として分子生物学をやっていました。昆虫採集の代わりに遺伝子ハンターとなって、一つ一つの遺伝子部品を集め、それを全部記述し終われば生命は解けると考えていたクチです。その部品を一つ外せば生命は壊れる、その壊れ方を見れば、その部品の役割がわかるというふうに、部品の機能と要素が一対一に対応しており、それが組み合わさっているのが生命だという非常にメカニズム的な思考で研究をずっとやってきました。

でも、それだけでは生命が解けないということに遅まきながら気づいて、関係性や統合で考え直さなければという段階にやってきたわけです。でもそれは、ふと思うと、昆虫少年だったときに自然を見ていた見方と同じではないか、と回帰してきました。その同じ所に戻ってきたような旅路の在り方というのは、たぶん養老先生も似た道程を経ていらしたのではないかと思うんです。

解剖学というのは分けていくことですよね。生命という身体の仕組みを切り分けて、部品に分けて、そこに名前を付けていくということ。それは昆虫採集とか、遺伝子ハンティングに非常に似ています。

でも分けていけばいくほど、実際の解剖をすればするほど、どこからどこまでが何組織で、ここからこちらが神経でどこまで伸びているかとか筋肉組織だとかいう境界線は、すごくあいまいなものだと実感する。境界線は自分の頭の中にしかない。

解剖学の教科書では、表皮組織が青、その下にある真皮組織は黄色、その中の内皮細胞は赤、という色分けをしてあるけれども、それは勝手に人間がつくりだした境界線で、実際に死体を切り分けていったら、そんな色も境界線もない。何かおにぎりをぐっと握って切りましたというような、ぬめぬめとしたものとしてある。それはどこまで行っても分けきれないものです。

「口」がどこまでかわからないだろうということもご著書で書かれています。口は顎（あご）も入れるの？　唇の下は口？　解剖学者は分節する、境界を付けるというのが最大の使命だったはずなのに、切れば切るほど、境界がどこなのかがわからない、言葉の限界を痛感するというところに至って初めて、ああいうリラックスした養老さんというものが現れてきたのではないかと思うんです。

でも養老先生は、今度はゾウムシを分類することによって、また世界を切り分けようとして、四国のこの谷とこの谷では違うのではないかと、また分けて、分けきれないようなことに至っているので、人間というのは、いつまでたっても同じ迷路から抜け出せないのかもしれません（笑）。

次元が違うものの私も同じでして、もちろんキャリアも全然違いますし、旅路も違うのだけれども、同じような細い穴をずっと掘ってきていたら、同じような水脈に出合って、そこでは同じようなことを考え、言葉が通じる。そんな「同士」と言ったら僭越ですけれども、同じ穴のむじなという感覚を持ちました。少なくともナード的なマインドは共有しています。顕微鏡が、レーウェンフックに行くか日立の五百万円に行くかという違いです（笑）。

ただしその違いが大切なところでして、私はレーウェンフックの顕微鏡からフェルメールに行って、フェルメール・センター銀座をつくってしまったんですが、養老先生は、卓上日立、マイ電顕（電子顕微鏡）に行かれた。同じナードの行く末として、皆さん笑ってくださいな。だから、お互いの美意識も「福岡さん、ルリボシカミキリみたいなのがきれいだと言うけれども、僕はゾウムシが可憐だと思うけどね」って、いわゆる「目くそ鼻くそを笑う」というような関係です。ゾウムシは目くそみたいなものである、とそれはお互いに十分、わかっているんです。でも、いや、だからこそ、お互い主張せずにはいられない。この二人の間でなら言っておこうというものが非常にありました。同じナードとして「連帯を求めて孤立を恐れず」とでもいいましょうか。そういう、セクトは違うが、同じく昆虫革命を夢見ていた、というような全共闘的用語でいえばそんなところです（笑）。

源流をさかのぼる人たち

一つ見るとどんどん源流まで行っちゃう、例の「ミトコンドリアの旅」気質は、養老先生にも相当におありだと思います。分節というのは生物の基本にあって、だから手を見ているだけで不思議だということもおっしゃっていますからね。

結局、皮膚というのは、人間の最前線で人間の輪郭を形づくっているように見えるけれども、ミクロな目で見ると実態が全然ないものです。穴だらけのすかすかででこぼこで、月の表面みたいなもの、境界とか生け垣のようなものでは全然なくて、それ自体もどんどん剝がれ落ちて真皮が押し出されて交代している、それが皮膚です。

リアス式海岸を上から見ると海岸みたいに見えるけれども、砂浜に立つとどこがリアス式海岸なのかわからないといった、視点の違いです。ミクロの視点では、海岸線の距離が無限大になってしまう。境界面ではなくてインターフェースであるということになる。

そういうものとして皮膚はあるので、何か皮膚感覚みたいなものがあるけれども、皮膚は実態としての境界面ではなくて、絶え間なく剝がれ落ち、現れているものという意味で動的平衡の中にあります。他者との境界として私が「私」であるという個体性を担保しているものではないんです。

皮膚も呼吸しているし、物質も交換しているので、本当に『スター・ウォーズ』の宇宙船のように、いろいろなものが出入りしているわけです。そういう感覚を、養老先生もお持ちなのかもしれません。意識のことも養老さんは結構おっしゃっていました。意識というのは、動的平衡が一瞬の秩序をもたらすからこそ見ることができるのではないかと。意識を働かせること、何かに注意を向けるということは、どういうことなのか。これは脳科学でも最大の謎です。それがどうやって起こるのかということについて、もちろんイメージ的なものでしかないのですけれども、私たちは考えたわけです。

本当は、脳の中のさまざまな仕組みだって、絶え間のない動的な平衡にあるので、どの一瞬を取っても、混沌としたもののはずです。でもそれが、ある一瞬すっと形を持って、ある意識や注意を向けられるというのは、絶え間のない動的平衡の中にありながらも、ある秩序立った回路なり、神経回路なり、電気の流れる経路なりが一致するということです。ちょうどレースのカーテンが二枚重なると、そこにモアレ像が現れるような一瞬です。そういう秩序のようなものとして、意識がすっと現れ、また、すっと消えるのは量子的とも言えるかもしれません。

普段は、位置や状態を定めることができないけれども、ある一瞬、その量子的な状態が崩れて、ある秩序が現れることで、脳の中の意識があるのではないか。非常に漠然とした話ですが、そういうものとして意識というものを捉えている。

意識が時間の関数の中の動的なもので、絶え間なく、いまつくられているものだという意味では、記憶の実在性や、自分自身を支えている意識というのも非常にあいまいだということです。

いま、自分は自分であると信じていますけれども、いま一瞬つくられているだけのある一時的なものにすぎないという、脳のとある状態、そんなものとして考えてみたらいいんじゃないでしょうか。

文系と理系の橋渡し

この本では、文系の方のご登場が多くなりました。今後、文系と理系の橋渡し役を頼まれることは多くなるのではないかと予想していますが、自分の役目だと特に自覚はしていません。

ただ、こういうふうには言うことはできると思うんです。科学を考えるときに、文学的な想像力は必要だし、文学を考えるときに、科学的な言葉の解像度が必要だということです。それは相補的なもののはずなのに、科学は、しばしば文学的な想像力の在り方を忘れてしまいがちです。

文学的な想像力というのは、源流を探ったり、時間旅行をしたり、物語を考えたりするということです。ある種、オタク的な心の在り方だと私は思っています。あるいは、こうも言える。科学的には神や幽霊、ＵＦＯはいませんが、「神はいません」「幽霊なんか存在しません」「ＵＦＯなんかあり得ません」と言い切ることは簡単なんですよ。私もそう思います。

ただ、では、なぜ人間は繰り返し神を必要としてきたのか。なぜＵＦＯというものを見いだしてしまったのか。特にＵＦＯが見えだしたのは戦後になってからなんですよね。米ソの冷戦構造が激化してから、急にＵＦＯというものが目撃され始めたんです。

オカルトなものを、どうして人の心は求めてしまうのかというのには、それなりに理由があるわけです。それを考えることこそ文学的な想像力なんですが、科学的にも解明できることとです。そういうことを求める人間の心の在り方がなぜ発達してきたのか、その背景となっている社会的文化的な文脈はなにか。

そういったものを断定によって排除してしまうことは科学的ではありません。「神はあり得ない」と言い切ってしまったら、そこで終わってしまう。でも、文系的な想像力によって、「では、全てのものは神がつくりました」という言い方も、「神は存在しない」と同じぐらい単純な言い方です。

「この世界は、あまりにも精妙にできているから、それは、きっと神がつくったに違いない」と言ったら、では、「神は誰がつくったのか」「神は神がつくった」では、「神は神である」と言っていることと変わらないので、そこは何も説明したことにはなりません。

「この世はなぜ存在するか」というwhy疑問文に対して、「それは神がつくりました」と説明するか、「この世に神などいません」と言うか。いずれにしても、そこで言い切ると何も語れなくなってしまう。いかにこの世は在るのか、いかに私たちは考えてきたのか、howの疑問文を事細かく丁寧に記述していかないと、why疑問文にも到達しないと思うんです。

それを考えるためにも、相補的に科学には文学が必要だし、文学には科学の解像度のある言葉が必要だと思います。

しかも、特に私たちは二〇一一年に起こった原発の問題や地震の問題を、もはや科学だけで語れはしない。それは「みんなの問題」でしょう。

生命を取り巻く問題は、脳死や遺伝子組み換えの是非、臓器移植など、科学者だけでは答えられないし、政治家だけでも文学者だけでも答えられない、みんなの問題です。その越境的な在り方と、あっちに行きつつ、こっちに行くというふうな往還的な在り方が必要だと思うし、それは本来的に楽しいことだと思うんです。あっちをちょっと、こっちをちょっと、おいしそうだったら出かけてみよう。何でも食べるというのは楽しい在り方だと思うので、私はそうやっていきたいと思っています。

実験科学者は実験室で実験をして、データだけを追い求めて論文だけを書いていけばいい、という古典的な意味の純粋な科学者の在り方からは、逸脱しているとは思います。でも、あえてそういった批判を受けつつ、私は、動的平衡的世界観で生命を問い続けるナチュラリストとして、できるだけ、この世界をつないでいきたいと思っています。

四人の共通点——あとがきにかえて

お会いした四人の共通点——何となく空気としてはある気がするんですが、言葉にすると何でしょう。バックグラウンドもまったく違う方々なんですが、実際にお話ししていて「核」に触れる方々だったと思います。次に会いたいのはどなたですかと言われて頭の中にすっと順々に立ち上がってきた人たちです。その意味では、私の方で必要としていたのかもしれません。今この瞬間にお会いすることに何か必然性があったのかなと。こじつけかもしれませんけどね。

ひとつだけ共通点をあげるとしたら、皆さん自由だということです。

その自由さというのは、これまで私たちが信じてきた、いろいろな物語から自由であるということ。何にも増して、自分が好きなことが、ずっと好きであり続けている人たちだという意味の自由さです。

その自由さと表裏一体での、ある種の正直さもお持ちの方々です。裏表があまりない人たちでしたね。自由で正直な人たち——私もできたら、その仲間に入りたい。

私はそんな人たちとのやりとりを単なる話ではなく「はなし」と表現してみました。

バージニア・リー・バートンの『せいめいのれきし』が脳裏にあります。すでに四十八年前の本です。原題は“Life Story”。いまだに私の中であの絵柄や言葉の数々が立ち上がってきます。朝吹さんのように小さい頃に読みましたという作家の方と何人も出会いました。

バートンが、世界の成立ちを、緻密(ちみつ)でいて優しい、絹のような絵と言葉ですくいあげ、それを石井桃子さんの選び抜かれた日本語で補強している、あのすばらしい一冊。アプローチはもちろん違いますが、あんな風に生命の歴史の中で「いま」を語れたらどんなにすばらしいでしょうか。四人のすばらしい先達の手を借りて、『せいめいのれきし』へのオマージュとして生命のあり方や記憶の変容を語り合ったつもりでいます。

それが私の『せいめいのはなし』です。

献辞　バートンの黄色い本に

図版　著者（図５〜８）
写真　新潮社写真部（青木登、坪田充晃、広瀬達郎）

文庫化によせて

生命科学の世界では、――実はこれはどんな学問分野でも基本的なことではあるのですが――、まず仮説をたて、その仮説にもとづいて検証なり実験なりが進められる、というのが研究のあり方です。仮説とは、○○という現象には、××という分子が関与しているのではないか、といった推定のことです。具体的にいえば、たとえば、発ガンには、リン酸化酵素Aの活性化が関係しているようだ、というふうに。

そこで生命科学者は、ガン細胞と正常の細胞のリン酸化酵素Aをそれぞれ調べて、思ったほどは活性化されていないとか、10回ほど実験をしたが、そのうち5回は活性化されているという結果が得られたが、残りの5回はほとんど差がなかった、とかそういうデータを手にすることになります。

だいたいの場合、科学者は頑固であり、自分の仮説に固執しているので、たとえ思ったほど酵素Aが活性化されていない、という結果を目の前にしても、「ああ、仮説が間違っていたんだ」とは思いません。むしろ、あくまで仮説は正しいのだが、実験の方法が適切ではないのだ、と考えて、いろいろ条件を変えて実験を繰り返すことになります。たとえばリン酸化酵素Aの活性化は発ガンのごく初期にだけ起こるので見落としているのではないか、もっと早い段階で測定すべきだ、とかリン酸化酵素Aは不安定な物質なので、ほんとうは活性化されているのだが、測定しようと細胞をすりつぶしているうちに、不活性化されてしまうのではないか、だから細胞の処理の仕方をできるだけ穏和な方法に変えるとか……。

こうして、ああでもない、こうでもない、と試行錯誤を繰り返しているのが実験室の日常であり、研究に長い時間がかかるのもそのためです。そして科学の本質も実はこのようなアプローチの中にあります。いろいろやっているうちに、すこしずつ生命現象の柔軟性や可変性、あるいはその時々の気まぐれさ、——これは生命現象の一回性と言い直してもよいと思いますが——、が見えてきて、最初に仮説として考えたほど、シンプルな図式では生命現象を捉え尽くすことはできないことが分かってくる……このようなプロセスが科学のほんとうの姿であると思うのです。そして世界の不確かな感触が、揺らぎ続ける輪郭が、おぼろげながらわかってくる、というのが何事かを知るということだと思うのです。

＊＊＊

しかしながら、科学者は、〇〇という現象には、××という分子が関与しているにちがいない、と（いうふうに）自分の仮説を強く強く信じ込んでしまうことが往々にしてあります。

このようなかたくななまでの信念（あるいは確信）は、あるときには通説を打破する斬新（ざんしん）な発見に科学者を導くことがありえますし、簡単にはあきらめない態度が、それまで見逃されていた重要な現象を明らかにすることだって起こりえます。しかし、多くの場合、このような強固すぎる思い込みは、私たちを深く暗い穴に引きずり込んでしまいます。

では、なぜかくも強固に、私たちは何かを確信してしまうのでしょうか。簡単にいってしまえば、それはおそらく、確信が非常に美しいかたちをとって私たちの前に立ち現れてくる、――正確にいえば、私たちの脳内に美しいかたちが浮び出てくる――、からだと思います。そのシンプルなまでの美しさに私たちはたちまち魅入られてしまうのです。

それは、真理は常に美しく、原理は限りなくシンプルであり、摂理は永遠の均整をもっている、そう私たちが信じているからです。一種のイデア信仰です。

このあたりの人間の傾向についてはこの『せいめいのはなし』でもしばしば話題になりました。でも、どうして私たちは世界のはてに、あるいは世界の天上に、いつもイデアを見てしまうのでしょうか。この謎（なぞ）についてはこの本の討議でも、十分には攻めきれなかったことかもしれません。ただ、それが人間の心の傾向であることだけは間違いないのです。内田樹先生が「カニは自分の甲羅と同じサイズの穴を掘る」とおっしゃっていたように。

『せいめいのはなし』を上梓（じょうし）してから私はずっと同じことを考えています。なぜ私たちはイデアを求め、イデアを信じるのか。そして、もし人が、あるイデアを確信し、世界はこうなっているに違いない、生命はこのようにふるまうに違いない、と確信したとき、そして、その人が際立（きわだ）った才能と知識と技術を持ち合わせていた場合、その人はいったい何をするだろうか、ということを考え続けています。

彼もしくは彼女は、そのイデアの存在を何としてでも証明したいと考えることでしょう。でもいったいどうやって？

美しいイデアはその美しさだけで、すでに真理であることが自明なのだから、わざわざ泥臭い、めんどうで、手間ひまのかかる、それでいて必ずしもクリアな結果がでない実験をするよりも、私ならずっとエレガントな方法でそのイデアの実在を証明することができる。そのように考える人が現れてもまったく不思議ではありません。そして実際、そんな人物はいるのです。明るく輝いてみえるイデアは、広大な夜空の中の点を結んだ星座にすぎません。夜空の本質は暗闇(くらやみ)です。科学者が闇を覗(のぞ)き込むとき、闇もまた科学者を試そうとしているのです。『せいめいのはなし』にもし続編があるとしたら、私はこのような問題をじっくり考えてみたいと思っているのです。

二〇一四年九月

福岡伸一

この作品は二〇一二年四月新潮社より刊行された。

かけがえのないもの
養老孟司著
何事にも評価を求めるのはつまらない。何が起きるか分からないからこそ、人生は面白い。養老先生が一番言いたかったことを一冊に。

養老訓
養老孟司著
長生きすればいいってものではない。でも、年の取り甲斐は絶対にある。不機嫌な大人にならないための、笑って過ごす生き方の知恵。

養老孟司特別講義
手入れという思想
養老孟司著
手付かずの自然よりも手入れをした里山にこそ豊かな生命は宿る。子育てだって同じこと。名講演を精選し、渾身の日本人論を一冊に。

養老孟司の大言論I
希望とは自分が変わること
養老孟司著
人は死んで、いなくなる。ボケたらこちらの勝ちである。著者史上最長、9年間に及ぶ連載をまとめた「大言論」シリーズ第一巻。

養老孟司の大言論II
嫌いなことから、人は学ぶ
養老孟司著
嫌いなもの、わからないものを突き詰めてこそわかってくることがある。内田樹氏との特別対談を収録した、「大言論」シリーズ第2部。

養老孟司の大言論III
大切なことは言葉にならない
養老孟司著
地震も津波も生き死にも、すべて言葉ではない。大切なことはいつもそうなのだ。オススメ本リスト付き、「大言論」シリーズ最終巻。

内田樹著
呪いの時代
巷に溢れる、嫉妬や恨み、焦り……現代日本を覆う「呪詛」を超える叡智とは何か。名著『日本辺境論』に続く、著者渾身の「日本論」！

川上弘美著
おめでとう
忘れないでいよう。今のことを。今までのことを。これからのことを——ぽっかり明るくしんしん切ない、よるべない十二の恋の物語。

川上弘美著
ゆっくりさよならをとなえる
春夏秋冬、いつでもどこでも本を読む。まごまごしつつ日を暮らす。川上弘美的日常をおおどかに綴る、深呼吸のようなエッセイ集。

川上弘美著
ニシノユキヒコの恋と冒険
姿よしセックスよし、女性には優しくこまめ。なのに必ず去られる。真実の愛を求めさまよった男ニシノのおかしくも切ないその人生。

川上弘美著
センセイの鞄
谷崎潤一郎賞受賞
独り暮らしのツキコさんと年の離れたセンセイの、あわあわと、色濃く流れる日々。あらゆる世代の共感を呼んだ川上文学の代表作。

川上弘美著
古道具中野商店
てのひらのぬくみを宿すなつかしい品々。小さな古道具店を舞台に、年の離れた4人のもどかしい恋と幸福な日常をえがく傑作長編。

川上弘美著

なんとなくな日々

夜更けに微かに鳴く冷蔵庫に心を寄せ、蜜柑の手触りに暖かな冬を思う。ながれゆく毎日をゆたかに描いた気分ほとびるエッセイ集。

川上弘美著

ざらざら

不倫、年の差、異性同性その間。いろんな人に訪れて、軽く無茶をさせ消える恋の不思議。おかしみと愛おしさあふれる絶品短編23。

川上弘美著

どこから行っても遠い町

二人の男が同居する魚屋のビル。屋上には、かたつむり型の小屋——。小さな町の人々の日々に、愛すべき人生を映し出す傑作小説。

川上弘美著

パスタマシーンの幽霊

恋する女の準備は様々。丈夫な奥歯に、煎餅の空き箱、不実な男の誘いに喜ばぬ強い心。女たちを振り回す恋の不思議を慈しむ22篇。

朝吹真理子著

きことわ

芥川賞受賞

貴子と永遠子。ふたりの少女は、25年の時を経て再会する——。やわらかな文章で紡がれる、曖昧で、しかし強かな世界のかたち。

朝吹真理子著

流跡

ドゥマゴ文学賞受賞

「よからぬもの」を運ぶ舟頭。水たまりに煙突を視る会社員。船に遅れる女。流転する言葉をありのままに描く、鮮烈なデビュー作。

安部司著　**なにを食べたらいいの？**

スーパーやお店では、どんな基準で食べ物を選べばいいのですか。『食品の裏側』の著者があなたに、わかりやすく、丁寧に教えます。

植木理恵著　**シロクマのことだけは考えるな！**
—人生が急にオモシロくなる心理術—

恋愛、仕事、あらゆるシチュエーションを気鋭の学者が分析。ベストの対処法を紹介します。現代人必読の心理学エッセイ。

岡本太郎著　**美の呪力**

私は幼い時から、「赤」が好きだった。血を思わせる激しい赤が——。恐るべきパワーに溢れた美の聖典が、いま甦った！

黒川伊保子著　**夫婦脳**
—夫心と妻心は、なぜこうも相容れないのか—

繰り返される夫婦のすれ違いは、男女の脳のしくみのせいだった！　脳科学とことばの研究者がパートナーたちへ贈る応援エッセイ。

小泉武夫著　**絶倫食**

皇帝の強精剤やトカゲの姿漬け……発酵学の権威・小泉博士が体を張って試した世界の強精食。あっちもこっちも、そっちも元気に！

小林和彦著　**ボクには世界がこう見えていた**
—統合失調症闘病記—

精神を病んでしまったその目には、何が映っていたのか。発症前後の状況と経過を患者本人が、客観性を持って詳細に綴った稀有な書。

塩月弥栄子著

あほうかしこのススメ
―すてきな女性のための上級マナーレッスン―

控えめながら教養のある「あほうかしこ」な女性。そんなすてきな大人になるために、知っておきたい日常作法の常識113項目。

釈　徹宗　著

いきなりはじめる仏教生活

自我の肥大、現実への失望……その悩みに、仏教が効きます。宗教学者にして現役僧侶の著者による、目からウロコの仏教案内。

下川裕治著

5万4千円でアジア大横断

地獄の車中15泊！　バスを乗り継ぎトルコまで陸路で行く。狭い車内の四角い窓から大自然とアジアの喧騒を見る酔狂な旅。

鈴木孝夫著

人にはどれだけの物が必要か
―ミニマム生活のすすめ―

モットーは、「買わずに拾う、捨てずに直す」。地球規模の環境破壊を前に、究極的エコロジーライフの実践を説く古典的名著。

瀬名秀明
太田成男　著

ミトコンドリアのちから

メタボ・がん・老化に認知症やダイエットまで！　最新研究の精華を織り込みながら、壮大な生命の歴史をも一望する決定版科学入門。

西村　淳　著

面白南極料理人

第38次越冬隊として8人の仲間と暮した抱腹絶倒の毎日を、詳細に、いい加減に報告する南極日記。日本でも役立つ南極料理レシピ付。

せいめいのはなし

新潮文庫　ふ－49－1

平成二十六年十一月一日発行

著者　福岡伸一（ふくおかしんいち）

発行者　佐藤隆信

発行所　株式会社新潮社

郵便番号　一六二―八七一一
東京都新宿区矢来町七一
電話　編集部（〇三）三二六六―五四四〇
読者係（〇三）三二六六―五一一一
http://www.shinchosha.co.jp

価格はカバーに表示してあります。

乱丁・落丁本は、ご面倒ですが小社読者係宛ご送付ください。送料小社負担にてお取替えいたします。

印刷・大日本印刷株式会社　製本・憲専堂製本株式会社

ISBN978-4-10-126231-4 C0195